浙江仙居抽水蓄能电站

投产五年设备设施
典型故障案例汇编

浙江仙居抽水蓄能有限公司　组编

中国电力出版社
CHINA ELECTRIC POWER PRESS

内 容 提 要

本书主要以仙居抽水蓄能电站投产五年以来发生的设备设施故障为基准，选取典型故障案例，深入剖析缺陷隐患产生原因，总结相关的处理措施，为抽水蓄能电站稳定运行提出建议。主要内容包括抽水蓄能电站发电电动机、水泵水轮机、主进水阀系统、调速器系统、闸门金属结构、消防系统、机组辅助系统、高压电气设备、母线及启动母线、厂用电系统（含照明等）、计算机监控系统、继电保护（含直流）、励磁系统、SFC 系统、辅助电气设备、水工设备设施等典型案例分析及处理。

本书对抽水蓄能电站在建设、运行过程中发生缺陷和隐患处理具有重要的借鉴意义，也作为设计、施工时期的重要参考资料。

图书在版编目（CIP）数据

浙江仙居抽水蓄能电站投产五年设备设施典型故障案例汇编/浙江仙居抽水蓄能有限公司组编 . —北京：中国电力出版社，2022.11

ISBN 978-7-5198-7250-2

Ⅰ.①浙… Ⅱ.①浙… Ⅲ.①抽水蓄能水电站-故障-案例-汇编-仙居县 Ⅳ.①TV743

中国版本图书馆 CIP 数据核字（2022）第 219316 号

出版发行：中国电力出版社

地　　址：北京市东城区北京站西街 19 号（邮政编码 100005）

网　　址：http：//www.cepp.sgcc.com.cn

责任编辑：孙建英（010-63412369）

责任校对：黄　蓓　于　维

装帧设计：赵姗姗

责任印制：吴　迪

印　　刷：三河市万龙印装有限公司

版　　次：2022 年 11 月第一版

印　　次：2022 年 11 月北京第一次印刷

开　　本：787 毫米×1092 毫米　16 开本

印　　张：10.25

字　　数：203 千字

印　　数：0001—1500 册

定　　价：98.00 元

本书编委会

主　编　贺　涌

副主编　朱兴兵

参　编　（按姓氏笔画排序）

于刚领　　王　川　　王奎钢　　王博涵

方雅倩　　占　浩　　朱　溪　　朱思多

刘　彬　　杜文军　　李逸凡　　吴杨兵

何　铮　　应　尧　　应哲明　　汪鹏鹏

沈青青　　张冰扬　　陆小康　　赵志文

赵宏图　　顾文彬　　郭炜焱　　曹　军

程　晨　　廖肇鸿　　樊一甫　　戴　森

前　言

浙江仙居抽水蓄能电站（简称"仙居电站"）共安装 4 台 375MW 的抽水蓄能机组，总装机容量 1500MW。至 2016 年 12 月 17 日 4 台发电机组全部投入运行以来，电站设备设施受到设计不合理、维护不到位、自然老化等影响，出现各类故障。这些故障缺陷和隐患若不能及时发现并采取有效的预防措施，将会严重影响电站的安全运行。为了提高电站安全生产水平，促进电站设备设施缺陷及隐患处理的经验分享和交流，浙江仙居抽水蓄能有限公司总结投产五年以来设备设施典型故障案例，组织编写本书。

本书主要以仙居电站投产五年以来发生的设备设施故障为基准，梳理典型故障案例，并组织具有丰富经验的工程师，以抽水蓄能电站故障处理原则为基础，对故障处理全过程进行深入解析。

本书涵盖了仙居电站设备设施缺陷及隐患实例共计 81 例，其中包含发电电动机、水泵水轮机、主进水阀系统、调速器系统、闸门金属结构、消防系统、机组辅助系统、高压电气设备、母线及启动母线、厂用电系统（含照明等）、计算机监控系统、继电保护（含直流）、励磁系统、SFC 系统、辅助电气设备、水工设备设施等案例。从技术、管理、监控等不同角度对抽水蓄能电站电力检修、生产技术、水工安全、信息技术等诸多方面经验处理进行了分析，对抽水蓄能电站运行过程中设备设施缺陷发生和隐患处理具有重要的借鉴意义，为抽水蓄能运行维护起到了积极的促进作用。

本书在编写过程中得到了公司领导的大力支持和悉心指导，凝聚了各位参与编写人员的心血，在此表示感谢。希望通过案例的讨论分析，能够给读者带来积极的借鉴和启示。鉴于编者的水平和有限的时间，编写过程中难免有疏漏、不妥或错误之处，恳请广大读者批评指正。

编者

2022 年 9 月

目　　录

第一章
发电电动机

仙居电站发电电动机型号 SFD375/413-16/7350，为立轴、半伞式、三相、50Hz、空冷可逆式同步发电电动机，主要由集电环、定子、转子、上导轴承、推力轴承及下导轴承、推力外循环冷却系统、通风及空气冷却器装置、上机架、下机架、高压油顶起装置、发电机消防系统、机械制动及转子顶起系统、制动集尘装置、吸排油雾装置等部分组成。自首台机于 2016 年 5 月投产至今，主要发生下导油盆内密封盖螺栓断裂、下导油盆甩油、磁极引线开匣、轴内励磁引线烧熔、磁极线圈内移、磁极端部绝缘垫块脱落等问题，目前均已得到有效处置。

第一节　下导油盆运行过程中的缺陷分析及处理

案例 1-1　下导油盆密封盖螺栓断裂

一、故障现象

2016 年 7 月 15 日，1 号机组发电工况运行过程中，巡检人员发现 1 号机组下导轴承吸油排雾装置处有大量汽轮机油渗出，监控系统显示 1 号机组下导油温、瓦温、摆度值迅速上升，下导瓦温从 55℃上升到 62℃（正常 48℃左右），油盆油温从 50℃上升到 60℃（正常 35℃左右），机组停稳并隔离后，运维人员迅速进行现场检查，发现 1 号机组下导上密封盖与下机架间的 23 颗固定螺栓断裂（见图 1-1-1～图 1-1-4）。

图 1-1-1　螺栓断裂部位

二、故障分析

从拆出的下导上密封盖弹簧密封块磨损情况分析，下导上密封盖在运行时受到向上的作用力并上翘，长期运行后使连接螺栓产生疲劳断裂，造成下导密封腔泄压，最终导致镜板泵建压失败，具体原理如下：

图 1-1-2　螺栓断裂面　　　　　　　　　图 1-1-3　断裂后的螺栓

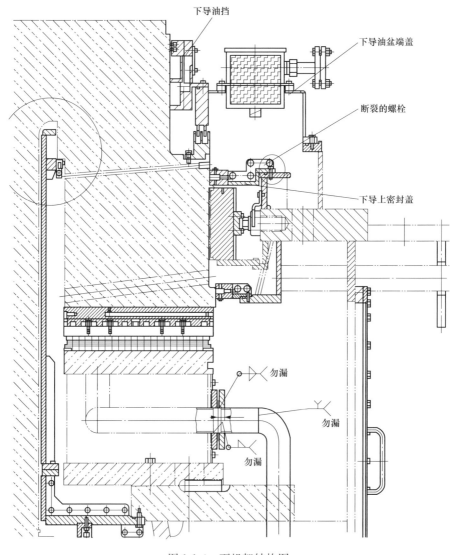

图 1-1-4　下机架结构图

（1）在机组运行时，密封的下导油盆腔内镜板泵孔旋转会产生压力，该压力存在压力脉动，对下导上密封盖有向上的轴向作用力，运行时间较长时，该作用力会使下导上密封盖逐渐上翘。

（2）机组运行时，在下导上密封盖上翘的情况下，大轴对下导上密封盖的弹簧密封块产生径向、轴向的双重作用力，其中的轴向作用力无法与径向伸缩的弹簧弹力相抵消，进而直接作用于下导上密封盖。

根据受力分析（见图 1-1-5），下导上密封盖和把合螺栓形成杠杆效应，下导上密封盖所受油向上的压力、大轴的轴向力与其作用力臂的乘积等于螺栓拉力与螺栓作用力臂的乘积。由于螺栓作用点离旋转中心较近，螺栓作用力臂较短，造成螺栓内部承受较大的拉力。

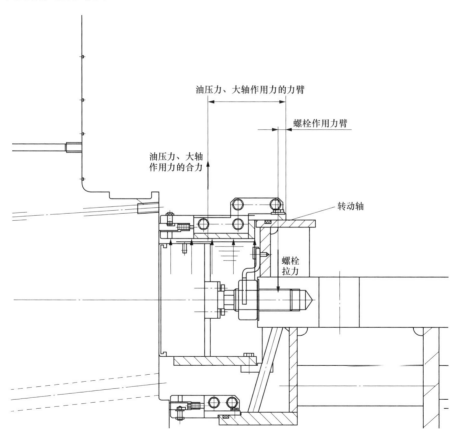

图 1-1-5 下导上密封盖受力分析

三、采取的措施

（1）对密封盖进行定位、打孔和攻丝，在下导上密封盖原有的 48 颗 M12 固定螺栓的基础上增加 96 个 M16 的固定螺栓，使螺栓的平均受力减小到原来的 28%，提高螺栓使用寿命。

（2）将合缝板及各筋板加高，并往内径方向加长，以增加上密封盖截面刚度。

（3）合缝面由 4 个 M12 螺栓增加至 7 个 M16 螺栓，以加强 16 块上密封盖的整体刚度。

（4）将上密封盖外径由 R1450mm 增加至 R1507.5mm，使把合螺栓的作用力臂加大，减小把合螺栓内部应力，减少下导密封盖上翘量。图 1-1-6 为永久方案示意图，图 1-1-7 为改造后下导上密封盖结构。

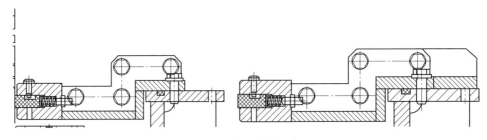

图 1-1-6　永久方案示意图

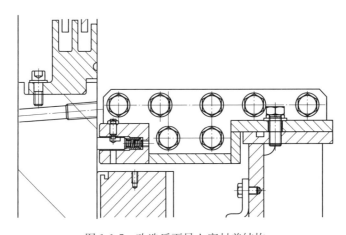

图 1-1-7　改造后下导上密封盖结构

四、经验小结

1. 设备本质安全

油盆设计时要充分考虑内部压力可能对结构件造成的影响，尤其形成"杠杆"效应的，要对"支点"螺栓的受力情况、强度、使用寿命进行全面计算评估，新投产机组一开始就要要求制造厂提供各部位螺栓的力矩要求、受力计算报告等资料。

2. 设备运维经验

（1）运维阶段要尤其关注发电机的各部振摆和瓦温情况，进行定期数据分析，这两个要素出现异常情况往往是机械部件出现故障的最直观反映，并要编制相关应急处置的典型流程卡，出现异常时及时处置，避免振摆或者瓦温异常上升造成较严重的损坏。

（2）新投产机组或者经过较大结构改造的机组，要充分利用定检、D 修、检修等机会尽可能多地深度检查发电机油盆内部设备情况，因为油盆内部哪怕一颗螺栓的松动脱落也可能造成瓦面磨损、瓦温急剧上升等后果，往往会有比较隐蔽的、"想不到"的地方出现问题导致机组故障。

案例 1-2 下导油盆甩油

一、故障现象

仙居电站自 2016 年首台机调试启动以来，各机组下导及推力油盆发现有较严重的漏油及油雾问题，包括静态泄漏、动态甩油及油雾。漏油及油雾问题在 1 号机组表现得最为严重，主要集中在下导及推力轴承油槽盖、上风洞盖板、下机架盖板、线棒下端、电阻温度探测仪（简称热电阻，RTD）引出线等区域。图 1-2-1 为风洞油雾情况。

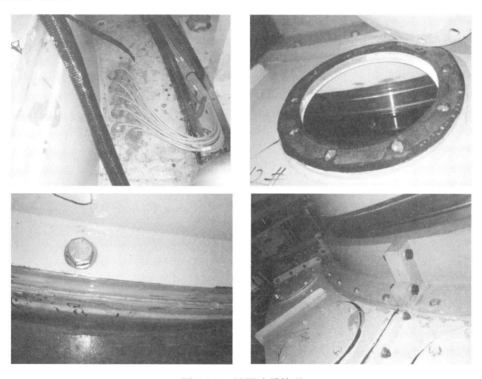

图 1-2-1 风洞油雾情况

二、故障分析

（1）RTD 引线引出下导油盆的葛兰接头密封效果不好。

（2）转子运行时其下方为负压区，且下导油盆密封油挡密封块与转动部件密封不严、密封块之间合缝不紧密，造成油雾从油挡处溢出的现象。

（3）油槽盖上布置的两台吸排油雾机（内带过滤网）的滤网风阻过大，导致吸油雾效果降低。

（4）油槽运行油位过高。

（5）吸排油雾引出管路被积油封堵导致管路不畅，吸排油雾机效果降低。

（6）由于离心力作用，推力头均压孔产生较大的压力，且下导油盆相对较小，大轴转速较高，使油搅动较剧烈。

三、采取的措施

（1）将原来下导的接线驳盘改为航空插头式接线驳盘，解决静态漏油问题。

（2）将油盆盖上的吸排油雾机由 2 台增加至 4 台，并取消机坑内吸油雾机滤网，提高吸排油雾吸收效率；将机坑内吸排油雾管路最底端增加排油管并引至机坑外，以排出管路低洼位置的积油，防止管路堵塞。

（3）取消定子线圈下部的挡风立圈，减缓转子负压影响。

（4）更换发电电动机推导油槽油挡，将原来的一道梳齿密封增加至两道，增强油盆密封性。

（5）将油盆内的均压管由 1 根增加至 4 根并引至水车室，增强随动密封的"气封效果"。

（6）将推力头上的 4 个 $\phi16mm$ 的均压孔封堵两个。

（7）新做一个集油槽，将下导油盆分离出来，减少镜板泵压力影响：

1）将下导瓦原托板割掉，重新焊接一个"L"形板，在新做的"L"形板上开有排气用的 2-M6 的孔；将新的集油槽下部与下机架把合方式由原来上端把合改为下端把合，将原来的 36-M8 的螺孔重新钻为 36-M12 的通孔（见图 1-2-2）。

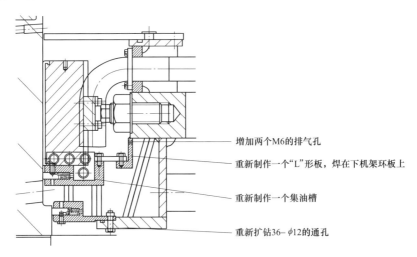

图 1-2-2　下导油盆改造示意图（一）

2）从原冷油环管分两根 DN50 的管路给下导瓦供油（见图 1-2-3）。

3）将原上密封盖板改为环氧平板作为稳流板（见图 1-2-4）。

4）在下机架上钻 96-ϕ30 的孔，以便下导油盆排油（见图 1-2-5）。

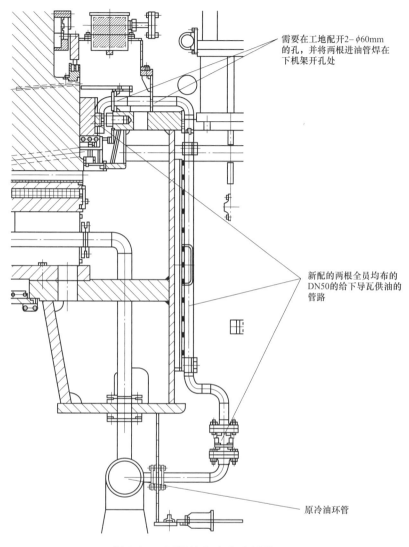

需要在工地配开2-φ60mm的孔，并将两根进油管焊在下机架开孔处

新配的两根全员均布的DN50的给下导瓦供油的管路

原冷油环管

图 1-2-3　下导油盆改造示意图（二）

四、经验小结

1. 设备本质安全

镜板泵结构首次在仙居电站应用，投产初期出现 1、2、3 号机组甩油的情况，4 号机组基本没有甩油甚至没有甩油雾情况，反而在下导油盆改造后出现了比较明显的甩油雾情况。由于改造之前一直没有分析出存在这种差异的原因，原结构的下导油盆甩油原因从某种意义上来说还没有真正找出，而目前 4 台机组均已完成改造，后续也再无法找出原结构的真正问题所在。但是，这也从另一个侧面反映镜板泵结构应用存在局限性，尤其新建的兄弟单位应用镜板泵结构时也存在严重甩油问题，说明应用镜板泵结构的机组需要配套可靠的防油雾措施。

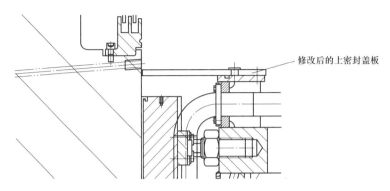

图 1-2-4　下导油盆改造示意图（三）

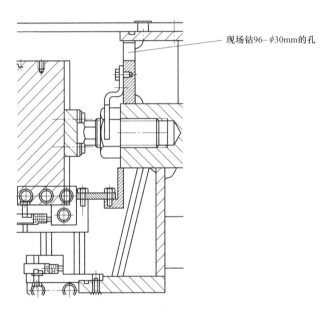

图 1-2-5　下导油盆改造示意图（四）

2. 设备运维经验

（1）将下导油盆与镜板泵腔分离后，下导油盆内的压力得到显著降低，甩油情况得到解决，但甩油雾问题仍然存在。目前了解到兄弟单位采用一种新的非接触式密封形式，通过密封上腔室送风进入下腔室，使可向下弯曲的气动密封板自动与转轴紧密贴合，实际应用效果良好，可作为后续改造的方向。

（2）镜板泵腔均设置上下密封，若任一道密封失效即会造成镜板泵建压失败，运行 5 年以来，暂未对其进行拆解检查，尤其焊接 "L" 形板后，更难观察到该两道密封的实际磨损情况，需要尽快结合大修进行拆解检查。

（3）镜板泵建压情况与油槽油位密切相关，油位较低时需要更长时间形成稳定的镜板泵压力，甚至无法成功建压导致瓦温上升过快，但油位过高又可能造成甩油，所以需要根据机组实际运行情况，分析总结出合理的油位范围，不能原搬原抄厂家给的定值范围。

第二节 磁极运行过程中的缺陷分析及处理

案例 1-3 磁极线圈开匝

一、故障现象

2017 年，运维人员在对仙居电站两台投产半年的机组进行检修维护时，发现个别磁极线圈在首末匝磁极引线位置有缝隙（开匝）现象产生，其中有一件磁极线圈末匝引线位置开匝较为严重，长度接近约 300mm。这种现象在四台机组上不同程度存在（如图 1-3-1 所示）。

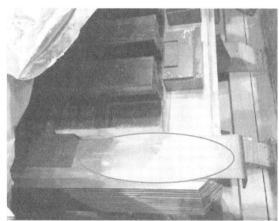

图 1-3-1 线圈末匝引线头位置开匝长度约 300mm 的照片

二、故障分析

（1）从结构方面分析，首末匝有引线头的部位需要进行极间连接，连接部位使用极间连接线和线夹固定于磁轭上，机组在运行过程中磁极线圈不可避免地会产生一定的变形位移，由于引线头部位的变形位移和磁极线圈其余部位的变形位移不一致，导致产生位移差，该位移差会导致首末匝引线铜排和其余铜排产生缝隙和开匝现象。

（2）从制造方面分析，磁极线圈在制造过程中为保证端部形状，端部铜排使用的是退火铜排，而直线段铜排使用的是非退火铜排，由此造成两种铜排硬度不一致，磁极线圈 4 个转角部位在热压过程中局部可能会出现一定程度的不到位情况，导致线圈热压后转角部位黏接胶填充不饱满，外观看有局部缝隙现象。

机组运行时，磁极线圈的拐角处产生一定形变，带动磁极引线头向外侧径向移动，而极间连接线固定在磁轭上，对磁极引线头产生向内的径向拉力，加上线圈铜排间绝缘层灌胶工艺存在一定问题，最终导致引线头与相邻线圈铜排脱开。

三、采取的措施

经与厂家、业内专家充分研究讨论，对 1、4 号机组磁极线圈逐台返厂进行引线改进，同时对热压工艺进行改进。对磁极线圈开匣不严重的 2、3 号机组采取填充罗纳星 68 密封胶封堵处理（分别运行多少月后进行了磁极改造）。

引线改进的方式为将磁极线圈引线头由 60mm 加高至 100mm，引线头 R 角半径由 10mm 增大至 20mm（如图 1-3-2 所示）。厂家对两种引线头铜排通过 MTS A-cumen 疲劳试验机进行试验，获取材料基础数据低周疲劳 $S—N$ 曲线，再根据有限元分析计算的应力水平，进行疲劳寿命评估。

评估结果：原外侧引线头弯角处应力为 61.8MPa，对应 $S—N$ 曲线的循环次数为 114 455 次，按合同要求平均每天启停 10 次计算，总寿命为 31.4 年；改进后的外侧引线头弯角处应力为 51.89MPa，对应 $S—N$ 曲线的循环次数为 623 927 次，按合同要求平均每天启停 10 次计算，总寿命为 170.9 年。增大弯曲半径后，疲劳寿命将大幅延长，安全裕度进一步提高。同时，通过金相试验显示，R 越大，铜排弯形导致的裂纹深度越小。

案例 1-4　磁极线圈挡块脱落

一、故障现象

仙居电站 1 号机组在更换磁极线圈之后运行了 4 个多月，发生 7 号磁极下端部内六角沉头螺栓断裂，造成一个绝缘垫块和一个金属压块脱落的情况。检查发现该垫块脱落处的两颗固定螺栓均齐根断裂，且断口有明显的疲劳断裂痕迹（端部挡块脱落部位如图 1-4-1 所示）。

该类型磁极线圈端部挡块结构在国内引进阿尔斯通技术的多个抽水蓄能电站机组上采用。厂家的解释是，磁极线圈挡块的作用是在正常工况下，防止停机过程中或停机后磁极线圈后窜；端部挡块的作用是在事故工况下磁极线圈受向心作用力的时候，将作用力传递到磁轭上，防止磁极线圈变形过大。

二、故障分析

对磁极结构和装配过程进行分解分析：

磁极线圈嵌入后，通过千斤顶压线圈直线段及圆弧端；适配两个绝缘垫块，保证圆弧面与线圈弧内表面贴合，加工与金属压块配合凸台，保证有一定的过盈量 F_1；用沉头螺栓将压块固定在磁极压板上，并用螺纹锁固剂锁定；松开千斤顶，磁极线圈会有回弹，产生回弹紧量 F_2（约 0.03mm）。

通过受力分析可知，螺栓紧量主要包括三个分量：①装配时预留的过盈量 F_1；

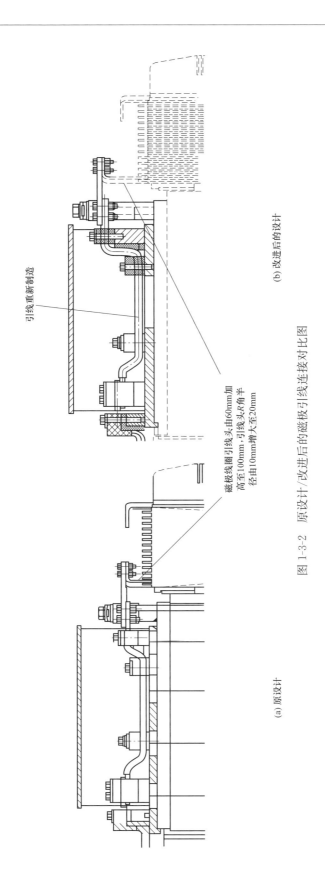

引线重新制造

磁极线圈引线头由60mm加高至100mm，引线头 R 角半径由10mm增大至20mm

(a) 原设计

(b) 改进后的设计

图 1-3-2 原设计/改进后的磁极引线连接对比图

②装配完成后磁极线圈回弹紧量 F_2；③磁极线圈热膨胀紧量 F_3。相对于机组冷态静止时存在的过盈量 F_1 和线圈回弹紧量 F_2，在机组正常运行时，磁极线圈由于离心力作用，产生向外位移，会释放金属压块与绝缘块之间紧量，沉头螺栓预应力减小（甚至为 0mm）。机组停机后，磁极线圈复位，静止过盈量 F_1 和 F_2 恢复作用，且停机后线圈存在温升，由于热膨胀使得压块和绝缘块之间紧量增大，导致沉头螺栓在静止过盈量的基础上再承受热膨胀紧量 F_3（受力示意如图 1-4-2 所示）。

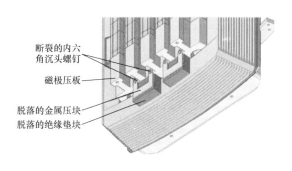
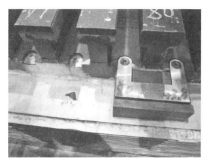

图 1-4-1 磁极线圈端部挡块脱落部位示意图及照片

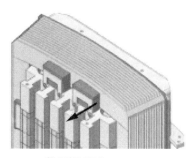
静止过盈量0.5mm

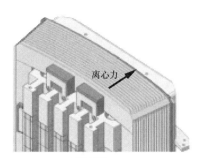
正常运行

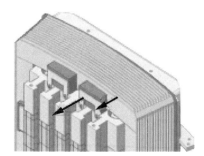
停机状态，静止过盈量+线圈热膨胀

图 1-4-2 磁极线圈端部挡块螺栓受力示意图

该磁极线圈原安装时适配的过盈量 F_1 为 0.1mm，但发现个别磁极端部绝缘垫块存在松动现象。因此，在此次引线改进后重新制作磁极时，厂家现场作业人员将静止过盈量 F_1 增大至 0.5mm。而根据有限元计算结果，当 F_1 为 0.5mm 时，螺栓可承受启停次数约为 1517 次（数据显示：1 号机组检修后至发生挡块脱落故障的 4 个多月累计启停 271 次，运行时长 1057.46h）。如果紧量为 0.1mm 时，可承受启停次数约为 39 459 次，寿命提高倍数为 26。

三、采取的措施

经过研究，取消原 U 形金属压块，更改为直接在磁极压板上攻钻 M12 轴向螺纹孔，将绝缘垫块直接把合在磁极压板上（如图 1-4-3 所示）。更改后的端部绝缘垫块静止间隙为 0.4～0.6mm，用以适应线圈热膨胀，且绝缘垫块所开螺栓孔为腰形孔，使得绝缘垫块在径向运动时，螺栓不受剪切应力，仅起到固定连接作用。在事故工况下磁极线圈受较大向心力作用时，绝缘垫块与磁轭接触，将作用力传递到磁轭上。

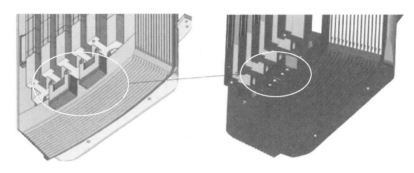

图 1-4-3　磁极线圈端部挡块改进后的结构图

考虑到磁极侧边直线段绝缘垫块存在同样的脱落风险，对此也需进行处理改进。将其静止过盈量降低为 0～0.1mm，同时降低螺栓应力，保证螺栓可靠安全。在此基础上，为了防止任何不可控因素导致螺栓断裂，直线段金属压块尾部更改为楔形自锁结构（如图 1-4-4 所示）。采用该结构后即使螺栓断裂，也不会掉出任何部件对定转子造成二次伤害。

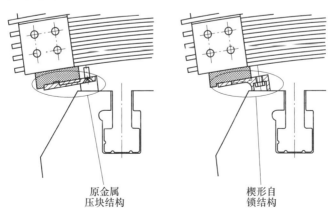

原金属
压块结构

楔形自
锁结构

图 1-4-4　磁极线圈侧边挡块金属压块改进前后的结构图

案例 1-5 磁极线圈内移

一、故障现象

仙居电站 4 号机组在更换磁极线圈后运行了 3 个多月，发生 3 号磁极 L 角处铜排内移引起极身绝缘被破坏导致转子接地的故障。检查发现 3 号磁极线圈首匝（靠近极靴处）下端短边铜排（圆弧段）轴向向上产生较大位移，短边铜排向磁极铁芯位移近 13mm，位移伸出内表面的短边铜排将磁极极身绝缘破坏，导致转子一点接地（如图 1-5-1 所示）。

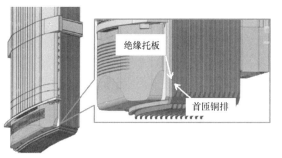

图 1-5-1 磁极线圈首匝铜排发生位移的示意图和照片

二、故障分析

经研究分析，磁极线圈首匝铜排与绝缘托板之间的滑移层为压制的聚酯氟乙烯玻璃丝布材质，在之前的发电电动机检修时发现该滑移层出现少量挤出现象，根据相关经验和厂家绝缘规范要求及工地处理周期等因素，在此次更换磁极线圈引线过程中，将绝缘托板滑移层更改为在接触面涂刷干性润滑剂。由于需要在现场将之前的聚四氟乙烯玻璃布打磨掉再涂刷干性润滑剂，厂家采用了砂带人工打磨方式对原绝缘托板滑移层进行打磨，这种打磨方式可能造成个别的绝缘托板局部打磨过量；同时，人工涂刷干性润滑剂也可能造成个别绝缘托板涂刷工艺不到位（如搅拌不均匀、涂刷次数不够等）。上述情况都可能导致该处的摩擦力增大。厂家对不同情况下的摩擦系数进行了测试（如表 1-5-1 所示）。

表 1-5-1 不同情况下的摩擦系数

项 目	静摩擦系数	滑动摩擦系数
压制的滑移层（改进前用的）	0.108	0.048
涂刷的滑移层（没有打磨过）	0.120	0.067
4 号机组 3 号磁极故障的绝缘托板	0.322	0.210

正常运行（线圈热态）时，整个磁极线圈在额定工况下受热膨胀，磁极线圈下端部其主要热变形方向是轴向向下。首匝线圈 I 号铜排（轴向长边铜排）径向方向受到其余匝离心力作用，使得首匝的 I 号铜排与绝缘托板存有摩擦力，其中铜排所

受的摩擦力为轴向向上。因磁极线圈绝缘托板与铜排接触面敷设有减小摩擦力的滑移层，故该轴向向上的摩擦力较小，正常情况下该摩擦力不会阻碍磁极线圈自由热膨胀。冷态停机时，首匝线圈Ⅰ号铜排不再受到其余匝离心力作用，相对绝缘托板之间的摩擦力近似为零。整个磁极线圈将恢复原状态，此时Ⅰ号铜排将会随着其他匝铜排一起轴向向上位移复位（如图1-5-2所示）。

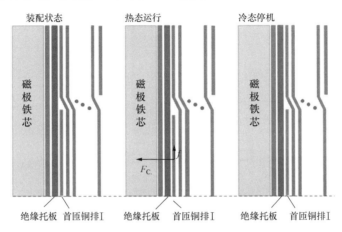

图1-5-2　磁极线圈首匝铜排正常情况下位移的示意图

当磁极线圈与绝缘托板之间的摩擦力较大时，会阻碍磁极线圈自由热膨胀，对于该处磁极线圈，在热态时由于与绝缘托板之间较大摩擦力的抑制，Ⅰ号铜排相对于其他铜排位移较少，而冷态停机时该匝铜排因黏接力跟随其他铜排一起上移。多次冷热态交替后，Ⅰ号铜排将沿轴向向上产生较大位移，由于Ⅱ号铜排（圆弧短边）与Ⅰ号铜排焊接为一体，相应地逐次带动Ⅱ号铜排轴向向上位移，多次积累后，这种有害位移导致极身绝缘与铜排内侧间隙减小，最终破坏绝缘，导致线圈接地（如图1-5-3所示）。

三、采取的措施

在查明原因之后，厂家采用原先的滑移层设计对所有改进过的磁极进行了重新处理。经过磁极改进后的4台机组经历了近　年的运行（1号机组运行29个月，启停2347次，运行时长9129.25h；2号机组运行12个月，启停1016次，运行时长4072.08h；3号机组运行5个月，启停460次，运行时长1906.46h；4号机组运行31个月，启停2338次，运行时长9162.59h），对发电电动机的每月定期检查未见异常，磁极的开匝问题和挡块的可靠性都得到了较好的解决，说明改进是成功的。

四、经验小结

1. 磁极的制造工艺管控

各方对发电电动机的设计非常重视，通过规范指导、有限元计算、试验论证、专家咨询等各种形式对每一处细节都进行了严格的分析。制造阶段，厂家在修改工艺质量管控标准时，应充分结合经验、试验和计算的综合分析结果，严谨地进行修

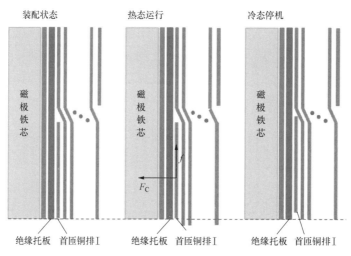

图 1-5-3　首匝铜排在滑移层异常情况下的位移示意图

编，保证设计理念准确贯彻到制造工艺上。同时，鉴于很多电站会在现场进行磁极线圈更换等作业，建议针对现场实际条件，研制适用于人工控制的专用精准工器具，如弧形挡块适配工具、极间连接线凸台加工工具等，确保现场加工的精准度，降低人为控制不到位导致的误差。

2. 磁极挡块的过盈量计算

磁极挡块与磁极线圈之间的过盈量受磁极线圈热胀冷缩影响，厂家在设计时应进行充分计算验证。磁极挡块的固定方式也应充分考虑固定螺栓在传递磁极线圈向心力时的疲劳应力计算。

3. 对磁极结构设计的建议

转子磁极是电动机最重要部位，也是运行中受力最复杂的部位，必须确保磁极线圈整体的强度。厂家在计算磁极线圈散热能满足情况下，尽量避免采用磁极侧向通风这种结构。目前的抽水蓄能发电电动机事故集中在转子磁极及极间连接线方面，随着抽水蓄能机组容量的加大，磁极线圈散热问题也日渐突出，建议厂家加强对转子磁极运行可靠性的研究，在厂内采取模拟真机环境的试验手段，充分试验论证转子磁极等重要转动部件的设计，研究更为可靠的结构，确保机组设备长期稳定运行。

第三节　轴内穿轴引线运行过程中的缺陷分析及处理

案例 1-6　轴内穿轴引线烧融

一、故障现象

仙居电站 4 号机组在 2017 年 3 月 21 日 1 时 3 分抽水工况启动过程中，上下导摆度持续上升，上导最大摆度（－Y）达 842um，下导最大摆度（＋X）达 1000um。机组于1时13分故障停机。ONCALL 值班人员随后开票对4号机组风洞及集电环室进行检查，集电环室内检查上导油盆盖板表面，未发现异常；检查励磁引线连接处与大轴连接处存在渗碳痕迹（见图 1-6-1），进一步对励磁系统及其至转子引线进行全面检查，打开上端轴盖板发现上端轴中心磁极引线（负极铜排）已熔断（见图 1-6-2）。进风洞检查发电机轴与水轮机轴连接螺栓区域发现存在燃烧后白色痕迹及大量黑色残质（见图 1-6-3）。

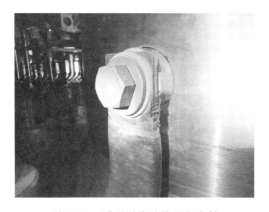

图 1-6-1 励磁引线连接处与大轴
连接处存在渗碳痕迹

图 1-6-2 上端轴中心磁极引线熔断

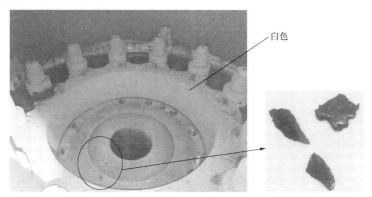

白色

图 1-6-3 发电机轴与水轮机轴连接螺栓区域残质

进一步检查确认励磁引线负极穿至大轴内的第二段（按照从下往上两线夹之间为一段）铜排已完全熔断，并与大轴粘连导致接地，第三段铜排也已大部分熔断。

二、故障分析

在安装阶段为了处理励磁引线绝缘偏低，上端轴外部励磁引线在机坑内曾拆装过两次，导致上端轴内部励磁引线把合螺栓把紧力矩减小，机组长期运行后，穿轴铜棒的紧固螺栓出现松动，过流接触面减小，导致发热熔断并接地（见图 1-6-4）。由于转子接地保护未动作，故障继续发展，铜排熔化后随机组运行附在上端轴内壁，上端轴局部温度持续上升出现热变形，导致上导、下导摆度持续上升直至振摆保护动作跳机。

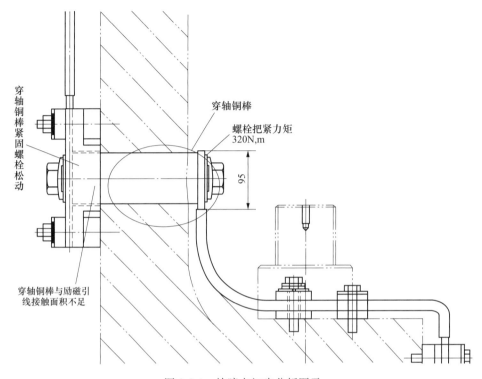

图 1-6-4　故障点初步分析图示

三、采取的措施

（1）将穿轴铜棒与轴内引线银焊为一体（见图 1-6-5），增加两者接触紧密度。取消了内侧的螺栓把合，从根源上消除了松动引起接触不良的现象。为了保证焊接质量，对焊接面进行探伤，保证结合面。

（2）将原来的圆铜棒更改为有凸台的 T 形铜棒（见图 1-6-6），增加适形绝缘块（其与上端轴轴内径采用适形配合）。利用绝缘块来支承穿轴铜棒在机组运行过程中产生的离心力。轴内引线铜排此时不再支承铜棒的离心力，防止出现形变。

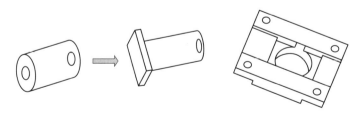

图 1-6-5　改进后 T 形铜棒和适形绝缘块

（3）在上端轴内部励磁引线粘贴测温试纸，便于后期观测温度情况。

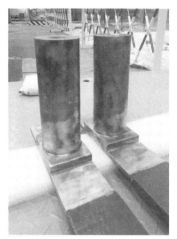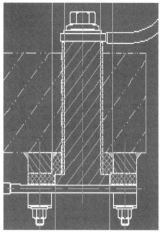

图 1-6-6　改进后 T 形铜棒

四、经验小结

在轴内穿轴引线设计阶段，原结构存在螺栓松动导致接触面减小从而造成局部放热的风险，厂家未充分评估该风险。

在运维方面，此事件的发生首先对轴内励磁引线螺栓连接处螺栓力矩、轴内铜排检查不到位；其次是对转子引线螺栓连接处、轴内铜排没有增设有效的监测温度手段，种种原因导致该事件的发生，为后期运维工作也敲响了警钟。在转子及磁极引线增设有效的测温试纸，便于定期检查，能第一时间反馈转子及磁极引线温度的变化情况；完善定检及检修作业指导书，完善转动部件的螺栓力矩检查及防滑线检查项目，从小的细节着手，杜绝此类事件的发生。

第四节　定子线棒运行过程中的缺陷分析及处理

案例 1-7　定子线棒与绑带间出现白色膏状物　>>>>>

一、故障现象

2019 年 12 月 24 日，仙居电站 2 号机组定检过程中，发现发电机定子线棒下端部和绑扎带以及绑扎带和端箍处有少量的膏状物，在 35-71 槽区域较为集中，其他区域相对分散，但无放电、灼烧等痕迹（见图 1-7-1 和图 1-7-2）。

二、故障分析

现场对 2 号机组定子线棒上、下端部进行检查测试。通过频响试验，发现白色膏状物出现较多的区域线棒最大频响函数值与 100Hz 对应频响函数值相对接近，由此判断该现象产生原因为：机组运行过程中产生的振动导致部分定子线棒绑扎带和线棒间出现松动引起磨损，从而产生白色膏状物质。

图 1-7-1　绑扎带和端箍处有少量的膏状物

图 1-7-2　白色膏状物

图 1-7-3　线棒绑扎带处理后效果图

经取样进行化学成分分析，发现白色膏状物非可燃物的主要成分为硅、铝、铁、钛，与绑扎带非可燃物的主要成分一致，由此评估线棒和绑扎带间仅是表面出现磨损，主绝缘及保护层未受到损伤。

三、采取的措施

上层线棒采用重新绑扎方法处理，下层线棒与端箍间采用加绑方法处理。①具体首先通过使用钳子轻轻敲打绑扎带中心检查绑扎带是否存在松动，并对存在问题绑扎带做好标记；②拆除存在问题的绑扎带，清理线棒表面及斜边垫块，做到线棒表面平滑无毛刺；③刷内层高阻漆、塞斜边垫块及线棒重新绑扎；④绑扎带表面刷表层高阻漆及酯晾干红瓷漆（见图 1-7-3）。

四、经验小结

（1）安装工艺不到位，线棒下端部施工条件相对困难，导致部分区域绑扎不到位。施工质量环节把控不到位，且没有严格的验收标准，需加强此类项目验收工作，厂家需提供相关质量及验收标准，从根源杜绝此类事件。

（2）从运维方面，加强对定子线棒的日常监视及维护，完善作业指导书内相关检修工艺及异常缺陷辨识，定期检查定子线棒上下端部绑扎带是否存在松动，是否出现白色异物。

（3）从技改方面，风洞内需增设智能监测设备，通过实时监测和智能对比分析及时发现异常情况，做到及时发现及时处理。

第五节　高顶泵运行过程中的缺陷分析及处理

案例 1-8　直流高顶泵直流接触器故障

一、故障现象

2017 年 1 月 8 日 9 时 17 分，仙居电站 2 号机组发电工况启动过程中，直流注油泵电动机回路直流接触器 QC09 线圈损坏，导致直流接触器未能正确动作，直流注油泵启动失败，监控系统报"2 号机组直流高压注油泵电动机故障"信号，导致机组启动预条件不满足。机组到发电空载稳态后，执行发电空载转发电流程时由于启动预条件不满足导致流程退出，机组紧急停机。

二、故障分析

现地手动启动 2 号机组直流高压注油泵，发现直流高压注油泵无法启动，发电机辅控柜上"直流泵启动"和"直流泵停止"两个指示灯同时点亮。由于手动启泵无须经过 PLC 程序判断，因此确定故障原因为直流泵控制回路、电动机电源回路或泵本体故障。

由于出现发电机辅控柜上"直流泵启动"和"直流泵停止"两个指示灯同时点亮的异常情况，优先对控制回路进行检查。结合图纸确认（见图 1-8-1），"直流泵停止"指示灯 PL23 受直流注油泵电动机回路直流接触器 QC09 的常闭节点控制，PL23 常亮表示直流注油泵电动机回路直流接触器 QC09 未动作。

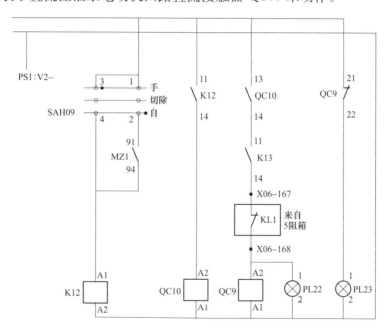

图 1-8-1　直流高顶泵控制回路图纸

"直流泵启动"指示灯 PL22 与直流注油泵电动机回路直流接触器 QC09 并联，受直流泵励磁电压继电器 QC10 常开节点、励磁电压监视继电器 K13 常开节点和励磁电阻箱正常运行继电器 KL1 常闭节点控制。将手动发启动直流高压注油泵命令，对控制回路各中间端子进行检查测量，QC10、K13、KL1 均正常动作，PL22 指示灯常亮，说明控制回路已正常导通，但 QC09 未动作，确认为 QC09 本体故障。现场将 2 号机组直流注油泵电机回路直流接触器 QC09 上的 A1、A2 端子接线拆除，测量端子间电阻为无穷大，正常值为 10Ω 以下，确认 QC09 本体故障原因为接触器线圈损坏。

三、采取的措施

（1）更换损坏的直流注油泵电动机回路直流接触器 QC09，在断开直流注油泵动力电源的情况下，手动发出直流注油泵启泵命令，QC10、K13、KL1、QC09、PL22、PL23 动作均正常，测量 QC09 各辅助节点动作正常。

（2）针对启动预条件中交流高压注油泵及直流高压注油泵故障信号设置不合理的问题，对 4 台机组顺控流程中的启动预条件进行异动，将交流高压注油泵及直流高压注油泵故障信号由"或"改为"与"，只有交流高压注油泵电动机及直流高压注油泵电动机同时故障时，预启动条件才满足，一台泵故障不会导致机组预条件满足。

四、经验小结

1. 转动部位配件的选择

发电电动机转动部件尤其是固定螺栓等配件，厂家多为外购。通过招投标形式采购的螺栓难以保证外协厂家是否严格按照标准生产螺栓，通过抽检的螺栓也很难确保质量完全符合要求。建议在转动部位这些易发严重故障的地方，厂家的每一个配件都应慎重选择，尽可能自主生产，确保配件质量不影响主设备运行安全，从而保证厂家先进的设计理念能够得以实现。

2. 设备本质安全

现场使用的直流高压注油泵启动次数远低于接触器正常使用寿命，且该类直流接触器存在启动瞬间出现短时放电的现象。结合目前机组运行情况发现，原使用的直流接触器容量偏小，在机组启动过程中，接触器瞬时电流过大，从而极易造成内部绕组发热量增加，引起直流接触器本体故障。从设备基本选型，厂家需充分考虑机组实际运行情况，对接触器使用寿命做好评估。

3. 设备运维经验

机组顺控流程中启动预条件设计不合理，存在大量冗余和不合理的设置，造成机组出现不必要的启动失败。电站需充分分析机组顺控流程中存在的隐藏漏洞，及时做好程序异动及调试工作，从源头上解决此类事件的问题。

从运维方面，加强对影响机组启动自动化元件的日常维护，完善作业指导书内关于自动化元件维护的工艺要求及相关盘柜内自动化元件的清单。对存在易损自动化元件统筹做好检修前策划，在检修期间进行批量校验及更换。其次关于检修二次核心项目的执行需由电站班组人员统一做好项目执行及验收工作，提高检修质量。

第二章

水泵水轮机

　　仙居电站安装 4 台单机容量为 375MW 的混流可逆式水轮发电机组，水轮机额定水头为 447m。机组采用上拆方式，为哈尔滨电机厂有限责任公司制造。水泵水轮机形式为立轴、单级、混流式，与额定转速为 375r/min、50Hz 发电电动机通过主轴法兰直接连接。转动方向为：水轮机工况俯视顺时针，水泵工况俯视逆时针。水泵水轮机按部套划分为埋入部件、导水机构、转动部件、辅助部件及专用安装工具。

案例 2-1　主轴密封块烧融及支架把合螺栓断裂

一、故障现象

　　1 号机组主轴密封在投入运行半年后发现密封支架 I 的 M16 把合螺栓有 3/4 发生断裂，最上层密封块磨损烧结。而后对其他三台机组主轴密封检修，均有不同程度的上层密封块磨损烧结现象，且 2 号机组密封支架 I 的 M16 把合螺栓也有 1/3 发生断裂。

二、故障分析

　　上层密封块由于冷却效果差（密封润滑冷却水过流面积小）发热熔化后被水挤出停机后堆积在压盖与主轴护套的间隙处，再次启机时，主轴护套将带动压盖旋转，进一步增加了周向摩擦力，机组正反转多次运行导致螺栓反复受周向剪力、撞击，疲劳断裂。

三、采取的措施

　　（1）针对密封冷却效果差采取的主要措施是将上两层主轴密封由原先的 4 块改为 12 块，并设置密封块过流孔，增大密封块润滑冷却水过流量；同时从原主轴密封供水管路分出一路单独给上层密封供水，保证主轴密封的润滑冷却水。

　　（2）针对螺栓疲劳断裂主要采取的措施是将原有 A4-70 螺栓更换为更高强度的 C3-80，明确预紧力矩为 154.5N·m，并涂螺纹锁固胶防止松动；增加压盖与主轴密封直接紧固连接方式，减少支架 I 与密封座的相对位移，消除螺栓断裂因素。

四、经验小结

1. 设备本质安全

主轴密封的整体设计应该平衡考虑密封润滑冷却水和密封性能，同时避免转动部件和非摩擦静止部件发生接触摩擦，根据螺栓受力情况选择合适强度的螺栓，并且应尽量避免直接螺栓受剪切力；在主轴密封监测手段上应在供水流量、磨损量的基础上增加密封温度、图像等测点，多方位监测密封运行情况。

2. 设备运维经验

主轴密封检修安装应明确相关螺栓安装的紧固要求，如预紧力、螺纹锁固胶等工艺要求，安装前检查密封限位块是否安装到位，弹簧连接无脱钩等；修后调试注意检查密封供水管路有无渗漏、堵塞情况，密封漏水量情况。

案例 2-2　顶盖底环平压管焊缝开裂漏水

一、故障现象

1 号机组投运后首次出现顶盖底环平压管焊缝开裂漏水情况，随后 1～4 号机组调试和运行过程中频繁出现顶盖底环平压管上各条焊缝开裂漏水现象。

二、故障分析

（1）该管路在顶盖内为整体成型硬连接，管路安装过程中容易憋劲，管中水力脉动导致应力变化频繁，机组运行振动较大等原因导致顶盖底环平压管各处焊缝频繁开裂。

（2）由于内部空间狭窄，特别是顶盖平压管与顶盖筋板距离极小，而且顶盖底环平压管弯管段曲率半径较小，造成该处焊缝应力较为集中，现场焊接质量无法把控。

三、采取的措施

（1）将平压管改为法兰连接结构，既保证管路可以存在一定的变化量不至憋劲，同时可将所有与平压管相关的焊缝放在外部焊接，保证焊接质量。

（2）采取增加顶盖内过渡法兰厚度，优化顶盖内过渡法兰焊缝形式，堆焊保证该处焊缝的质量。

（3）针对平法兰与管路焊接无法焊透问题，所有法兰采用高颈法兰形式，焊接处管路为坡口形式，提高焊接质量。

四、经验小结

1. 设备本质安全

顶盖内狭小空间的管路设计应充分考虑管路检修，避免出现空间布置不合理导致检修工艺无法把控的难题。在设计初期论证计算转轮间隙自然平压方式，取消顶盖底环平压管设置。

2. 设备运维经验

安装期顶盖内高振、带压管路焊缝应保证充分焊接时间和冷却时间，严格把控焊缝质量。对高振、带压管路应做好防振、减振措施。日常定检、维护应该检查管理螺栓、焊缝是否出现缺陷，检修过程中择机对焊缝进行无损检测，提前发现缺陷并及时处理。

案例 2-3　接触式蠕动检测装置误投入 ▶▶▶▶▶

一、故障现象

4 号机组抽水运行过程中蠕动检测装置误投入接触大轴击飞，误碰到机组过速装置导致机组事故停机。

二、故障分析

4 号机组抽水运行期间，3 号机组在抽水调相转抽水过程时回水排气，排出的高压气通过 DN500 的全厂公用排气总管排往厂内集水井，由于该总管是 4 台机组共用，部分高压气反充到与之相连的 2、3、4 号机组，排气总管返气通过 4 号机组蠕动检测装置投退电磁阀进入蠕动装置，导致非正常投入，蠕动装置凸轮与高速旋转的大轴接触发生碰撞断裂，甩出后撞击到附近的过速装置动作，机械过速保护装置误动导致机组停机。

三、采取的措施

拆除原有接触式蠕动检测装置及其相关控制气管路，改为非接触式（接近式测速探头）蠕动检测，由电调计算输出蠕动信号，本质上消除蠕动检测装置在正常情况下接触大轴的风险；同时在过速装置增设防护罩，降低过速误动风险。

四、经验小结

1. 设备本质安全

蠕动检测装置从设计上应避免与转动部件的接触，接触式蠕动检测装置存在较大运行风险。在控制回路上的设计应充分考虑公共管路或者电路上的各用户之间的影响，从源头上消除设备之间油水气、电等操作源的相互窜入，防止设备误动。过速装置应考虑设置保护罩或布置在无周围设备误动或者人员误动的部位，以减少误动的风险。

2. 设备运维经验

转动部件附近的设备装置安装应严格按照工艺标准（特别是安装间隙、紧固力矩、放松措施）验收。调试过程中特别是在手动升速期间密切关注测速探头、摆度传感器、过速装置间隙情况。在日常运维中发现涉及大轴、毗邻大轴部件出现不应该出现的磨损应加强关注，深入分析原因，及时消缺隐患。

案例 2-4　主轴密封漏气导致调相运行补气频繁 ▶▶▶▶▶

一、故障现象

机组调相运行补气间隔减短，检查主轴密封处漏气量较大。

二、故障分析

（1）主轴密封压盖盘根脱槽断裂导致上层密封块供水腔泄露，密封性能降低。

（2）主轴密封供水侧存在大量贝壳生物，密封腔供水无法通过密封块径向通流孔，密封侧可能较好形成水膜，密封磨损增大导致密封性能差。

三、采取的措施

（1）对主轴密封压盖盘根进行更换后密封性能恢复，机组调相补气间隔正常。

（2）对主轴密封腔内的所有生物进行清理，同时涂刷防生物船舶漆，有效阻止生物在主轴密封内的生长，恢复主轴密封性能。

四、经验小结

1. 设备本质安全

对于上下密封的组合部件设计和制造上应考虑将盘根槽设置在下方部件，便于检修人员观察，有效防止组合面在组合时盘根掉落脱槽压断。

密封块与密封支架的设计应平衡考虑密封性能和密封润滑冷却水过流，同时鉴于电站运行经验，主轴密封封水和封气具有一定的关联性，但两者性能指标并非完全对等，可能存在漏水量符合电站要求但漏气偏大影响电站机组运行的情况，设计上应该保证主轴密封对水和气两者密封有效性，并且全面考虑调相工况下转轮室内的封气。

设计上考虑主轴密封水流相对流动不大的部位生物防治，从制造安装工艺减少生物生存的环境避免密封内部堵塞。

2. 设备运维经验

作为隐蔽部件，主轴密封的检修安装严格按照工艺标准验收回装，特别是密封块适配回装（无异常磨损，原拆原装）、螺栓回装（力矩验收）、盘根安装（正确选型不脱槽）、弹簧安装（不脱钩）、管路回装（不堵塞不漏水）、护套检查（无异常磨损、高点、毛刺），同时密封块回装后尽量不做无水的转动提拉作业。在调试中应主要以调相补气作为气密封性考察点，单体调试中调相压气主要作为调相流程的考察，原因是机组调相转动情况下形成水环也存在密封作用，这是单体调相试验无法实现的环境。

日常巡检中主轴密封应该对顶盖内异音进行辨识，对顶盖内水位进行检查（一般水位不超过机坑排水拦污栅），调试期间密封漏水量检查（水箱水位 2/3 以下），同时应该综合主轴密封中、上腔压力，主轴密封供水流量压力的 4 台机组横向和本台机组历史纵向分析对比，及时掌握主轴密封运行状况。

对于流道水域内生物问题，应利用检修机会开展全面检查，特别是主轴密封、过滤器等水流相对静止的部位，及时进行生物治理。

第三章

主进水阀系统

仙居电站主进水阀为球阀，由哈尔滨电机厂有限责任公司设计制造，由阀壳、活门、密封、接力器、伸缩节与下游连接管、上游延伸段、液压控制系统组成。主进水阀采取双拐臂操作机构，操作用油取自球阀油压系统。共设有 2 道密封，上游侧为检修密封，下游侧为工作密封，密封操作用水取自压力钢管。液压系统配一个压力容器与一个回油箱，工作压力为 6.3MPa，液压系统设有主进水阀失电关闭功能。自首台机组于 2016 年 5 月投产至今，主要发生下导油盆内密封盖螺栓断裂、下导油盆甩油、磁极引线开匣、轴内励磁引线烧熔、磁极线圈内移、磁极端部绝缘垫块脱落等问题，目前均已得到有效处置。

仙居电站调相系统与主进水阀共用一个控制柜，由哈尔滨电机厂有限责任公司设计制造。调相系统包含：主充气阀、补气阀、蜗壳平压阀、蜗壳排气阀、调相回水排气阀五个液压阀门（简称调相五阀）；一套调相 PLC 控制系统（施耐德）；若干电磁阀与连接油管路；尾水液位开关 4 个（液位过高、液位升高、液位高、液位低）。其中调相 PLC 控制系统球阀与 PLC 控制系统共用一个控制柜，调相电磁阀组与球阀电磁阀组共用一个机械液压柜。

自首台机组于 2016 年 5 月投产至今，主要发生工作密封故障、工作密封位置信号抖动故障、调相程序存在漏洞导致调相失败、调相阀门信号抖动等问题，目前均已得到有效处置。

第一节　主进水阀运行过程中的缺陷分析及处理

案例 3-1　球阀平压信号未收到

一、故障现象

2020 年 1 月 23 日，仙居电站在巡检中发现球阀电气柜触摸屏显示 4 号机组球阀工作密封撤出至平压信号出现时间间隔在 20s 左右，时间间隔比之前有所增大，正常时长为 6~8s。检查球阀控制柜，发现球阀全关指示灯亮、工作密封退出指示灯亮、液压锁定退出指示灯亮，PLC 报警条显示球阀全关位置，工作密封退出位置，液压锁定退出位置，球阀平压信号已接收但时间过长为 29s；检查现场实际情况，球阀本体全关、工作密封实际位置退出，液压锁定实际位置退出，与球阀控制柜各位置显示情况一致。

二、故障分析

1. 运维人员对导致该故障可能的原因进行梳理

（1）电气原因：

1）平压信号传输回路接线故障；

2）平压信号继电器故障。

（2）机械原因：

1）管路堵塞导致水压力无法传导；

2）压差开关本体实际动作值偏小，导致压差开关动作延迟；

3）导叶端面、立面间隙过大，导叶漏水量增大。

2. 对上述可能的原因进行排查分析

球阀平压压差开关装设于调相球阀机械柜，上游压力取自压力钢管，下游压力取自蜗壳进口，当两者压力差值小于 0.7MPa 时，压差开关动作向球阀 PLC 输出"球阀平压"信号。信号传输路径为：压差开关—调相电器柜端子排 X02：98/99—继电器 K25—球阀 PLC（见图 3-1-1）。

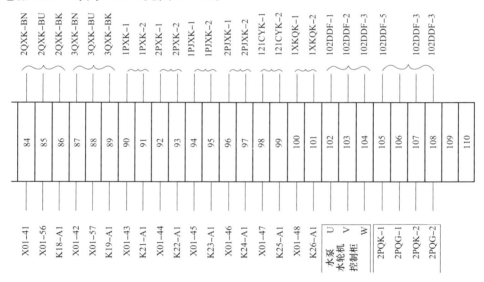

图 3-1-1　调相电器柜端子排 X02

（1）平压信号传输回路接线故障。将压差开关本体上的输出节点短接，检查触摸屏能快速接收信号，试验三次，信号传输均快速、准确。检查本体上节点无锈蚀现象，且接线牢固，检查调相球阀电器柜 X02：98/99 端子紧固无散股，检查 K25 继电器各节点连接紧固，检查 PLC2 上的 DI209 号端子接线紧固无散股，判断平压信号传输回路接线正常（见图 3-1-2）。

（2）平压信号继电器故障。将压差开关本体上的输出节点短接，发现 K25 继电

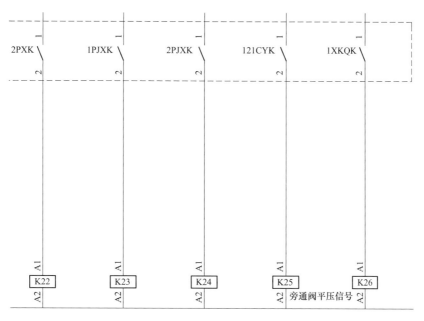

图 3-1-2　继电器 K25

器均能快速准确点亮，使用万用表对原 K25 继电器阻值进行测量为 499Ω，与机组检修时数据一致，测量各 4 副节点通断均正常（见图 3-1-3），则排除继电器接触故障可能。

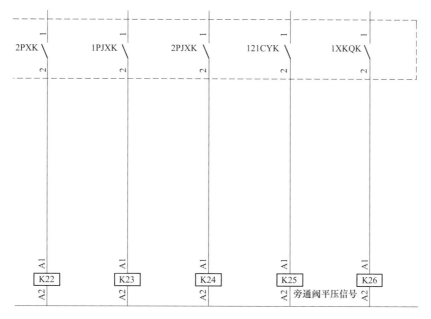

图 3-1-3　平压信号 PLC 回路

（3）管路堵塞导致水压力无法传导。隔离水压后将 4 号球阀平压压差开关拆开进行检查，外观未见异常，但下游侧管路明显有泥沙存在，与运行人员配合稍微打开隔离阀冲出大量泥沙，刚刚小开度打开隔离阀时等待了约 5s 才断断续续有污水流出，说明堵塞较为严重（见图 3-1-4）。

同时，前往蜗壳层检查平压压差开关水压传导的管路，发现下游侧管路从蜗壳进口引出后存在下弯段和平直段（见图 3-1-5），即使蜗壳排水时，该段杂质也无法跟随水流排除，容易引起泥沙聚集，上游侧测压管则无类似造成泥沙淤积的下弯段。随后排查机组的其他水管路，均无此类结构。

图 3-1-4　下游管路冲出较多泥沙　　　　　图 3-1-5　下游侧管路存在下弯段

完成管路冲洗并回装以后退工作密封进行实验，发现首次试验平压时间立即缩短为 5s，效果明显。

第二天跟踪 4 号机组平压时间发现时间又变为 22s，时间仍在异常范围，于是将 2、4 号机组平压压差开关对调，发现时间明显缩短，2 号机组在更换前平压时间为 6s，更换后仍然为 6s，4 号机组更换后也缩短为 6s，见表 3-1-1。

表 3-1-1　　　　　　　　　　2、4 号机组平压压差开关对换前后对比　　　　　　　　　　s

机组	对换前	对换后
2 号机组	6	6
4 号机组	6～22	6

（4）压差开关本体实际动作值偏小，导致压差开关动作延迟。

对比 2、4 号球阀退工作密封时压力脉动，发现 4 号球阀压差开关前后表计测量压力脉动变化较大，工作密封退出后下游表指针来回摆动明显，2 号球阀脉动几乎无变化，指针未出现摆动，因此压差开关捕捉 4 号机组下游压力信号更加困难。由该现象判断，2、4 号机组压力开关的整定值并不一致或者其灵敏性不一致，即原 2 号机组的压差开关更加容易达到动作条件，4 号机组的平压环境则比 2 号机组要恶劣。对换后，容易达到平压条件的压差开关弥补了 4 号机组平压环境的恶劣，2 号机组平压环境好，即使压差开关性能差或整定值更小也可以快速动作。

　　此外，根据平压曲线对比发现 4 号机组工作密封退出时平压曲线有波动而 2 号机组没有，怀疑最大的可能性是蜗壳平压阀的内漏导致，停机时在蜗壳平压阀附近确实可听到滋水声。

　　4 号机组蜗壳平压阀内漏，导致 4 号机组平压时压力容易波动，加上 4 号机组的压差传感器灵敏性差，不容易捕捉平压信号，平压信号动作时间比正常机组要长。

　　（5）导叶端面、立面间隙过大，导叶漏水量增大。

　　排查 2019 年 4 号机组 C 修的导叶端、立面间隙、压紧行程数据，未见明显异常。立面间隙均为 0，端面间隙符合要求，压紧行程符合要求，与其他机组进行横向对比，也未见明显区别。且考虑到近日机组平压数据为无规律变化，综合考虑，基本可以排除导叶间隙的影响，见图 3-1-6～图 3-1-8。

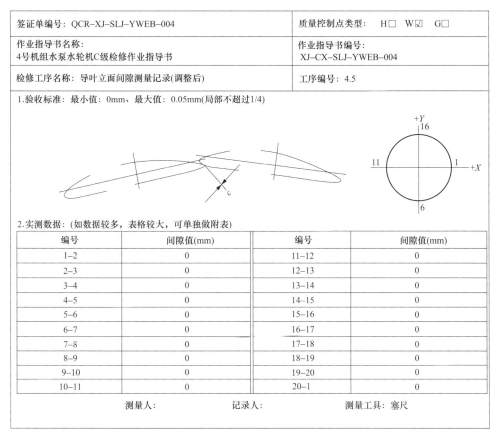

签证单编号：QCR-XJ-SLJ-YWEB-004		质量控制点类型：　H□　W☑　G□	
作业指导书名称： 4 号机组水泵水轮机 C 级检修作业指导书		作业指导书编号： XJ-CX-SLJ-YWEB-004	
检修工序名称：导叶立面间隙测量记录(调整后)		工序编号：4.5	
1.验收标准：最小值：0mm，最大值：0.05mm(局部不超过1/4)			
2.实测数据：(如数据较多，表格较大，可单独做附表)			
编号	间隙值(mm)	编号	间隙值(mm)
1-2	0	11-12	0
2-3	0	12-13	0
3-4	0	13-14	0
4-5	0	14-15	0
5-6	0	15-16	0
6-7	0	16-17	0
7-8	0	17-18	0
8-9	0	18-19	0
9-10	0	19-20	0
10-11	0	20-1	0
测量人：　　　　　记录人：　　　　　测量工具：塞尺			

图 3-1-6　2019 年 4 号机组立面间隙测量值

　　综上分析：本次缺陷的主要原因为管路堵塞导致水压力无法传导，间接原因为压差传感器灵敏性差以及蜗壳平压阀内漏。

签证单编号：QCR-XJ-SLJ-YWEB-005						质量控制点类型：		H□ W☑ G□		
作业指导书名称：4号机组水泵水轮机C级检修作业指导书						作业指导书编号：XJ-CX-SLJ-YWEB-004				
检修工序名称：导叶端面间隙测量记录(调整后)						工序编号：4.6				

1.验收标准：总间隙为上、下端面最小间隙之和；上端面间隙：0.25~0.5mm；下端面间隙：0.15~0.3mm

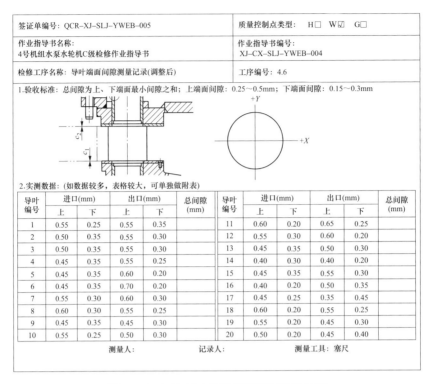

2.实测数据：(如数据较多，表格较大，可单独做附表)

导叶编号	进口(mm)		出口(mm)		总间隙(mm)	导叶编号	进口(mm)		出口(mm)		总间隙(mm)
	上	下	上	下			上	下	上	下	
1	0.55	0.25	0.55	0.35		11	0.60	0.20	0.65	0.25	
2	0.50	0.35	0.55	0.30		12	0.55	0.30	0.60	0.20	
3	0.50	0.35	0.55	0.30		13	0.45	0.35	0.50	0.30	
4	0.45	0.35	0.55	0.25		14	0.40	0.30	0.40	0.20	
5	0.45	0.35	0.60	0.20		15	0.45	0.35	0.55	0.30	
6	0.45	0.35	0.70	0.20		16	0.40	0.20	0.50	0.35	
7	0.55	0.30	0.60	0.30		17	0.45	0.25	0.35	0.45	
8	0.60	0.30	0.55	0.25		18	0.60	0.25	0.55	0.25	
9	0.45	0.35	0.45	0.30		19	0.55	0.20	0.45	0.30	
10	0.55	0.25	0.50	0.30		20	0.50	0.20	0.45	0.40	

测量人：　　　　记录人：　　　　测量工具：塞尺

图 3-1-7　2019 年 4 号机组端面间隙测量值

记录单编号：QCR-XJ-TSQ-YWEB-001		类型： H☑ W□ G□	
作业指导书名称：4号机组调速器系统C级检修作业指导书		作业指导书编号：XJ-CX-TSQ-YWEB-004	
作业项目及工序：接力器压紧行程测量调整		工序编号：2.8	

1.验收标准：

接力器压紧行程调整：5.0~7.0mm

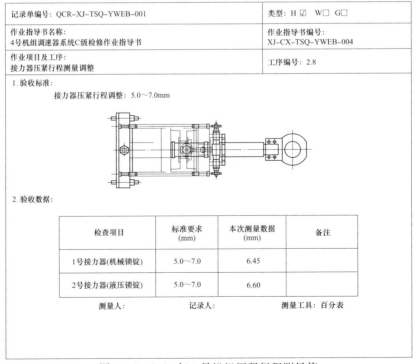

2.验收数据：

检查项目	标准要求(mm)	本次测量数据(mm)	备注
1号接力器(机械锁锭)	5.0~7.0	6.45	
2号接力器(液压锁锭)	5.0~7.0	6.60	

测量人：　　　　记录人：　　　　测量工具：百分表

图 3-1-8　2019 年 4 号机组压紧行程测量值

三、采取的措施

（1）打开 4 号机组压差开关下游侧隔离阀冲洗泥沙，将泥沙排除，疏通管路。

（2）将 2、4 号机组平压压差开关对调，发现平压时间均明显缩短；结合定检将 2 号机组压差开关拆下检验，发现该压差开关存在无法校准的情况，多次校核中前后数据均存在无规律的偏差，随后进行换新处理，新压差开关可校准至 0.7MPa。

（3）结合检修对 4 号机组蜗壳平压阀内漏问题进行消缺。旋转阀门下腔限位螺杆，使螺杆往外退出，液压阀活塞腔向下行走，液压缸驱动的球阀向关闭位置旋转，注意螺杆每次旋转 180°，以便于记录原始位置，检查阀门是否旋转至合适位置，直至滋水声消失，再次试验时 4 号机组球阀平压时压力无明显波动（见图 3-1-9）。

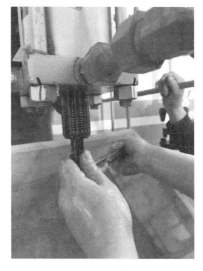

图 3-1-9　蜗壳平压阀限位调整

四、经验小结

1. 设备本质安全

设计方面没有考虑后续清理问题，制造时可采用三通设置排污口。

2. 设备运维经验

（1）对小管路维护不到位，以水为介质的小管路容易造成泥沙淤积问题。

（2）设备健康分析不到位，缺少对球阀平压信号相关趋势的分析，未发现平压曲线存在波动情况。

（3）缺陷处理不及时，4 号机组蜗壳平压阀内漏产生的后果分析不到位，未意识到可能导致球阀平压信号出现波动。

（4）日常维护项目不全，定检作业指导书中相关自动化元件检查项目不全、标准不细。

案例 3-2　工作密封故障

一、故障现象

2016 年 11 月～2017 年 3 月，仙居电站 1 号机组进水阀工作密封发生过 2 次偶发性拒动，期间未见其他任何异常，于 2017 年 3 月 16 日出现第三次拒动，且完全卡涩导致彻底无法使用。

二、故障分析

仙居电站密封由密封厂家选型，最初采用 GK35-PH 型 D 形密封（见图 3-2-1）。D 形密封厚度为 15.69mm。设计时未能考虑阀体在高压下的膨胀尺寸，密封在高

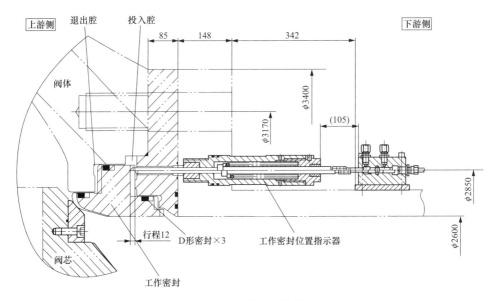

图 3-2-1 工作密封结构图

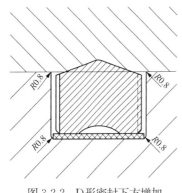

图 3-2-2 D形密封下方增加
1.5mm厚橡胶垫

压下的弥补量不足，导致打压试验阶段出现泄漏。于是采用改进方案，为增大密封压紧量（见图 3-2-2），在 D 形密封下方增加 1.5mm 厚橡胶垫，但实践证明此方案不能彻底解决问题。原因是橡胶垫刚性不足，实际使用中随密封环投退在沟槽底部来回窜动，在长时间的上部密封的压力作用下产生永久变形，使橡胶垫变薄，逐渐失去弥补作用。使用一年左右，橡胶垫被挤出沟槽，或发生摩擦断裂，造成压力腔泄漏，密封环失去控制。从现场拆下来的旧件分析，底部橡胶垫极易发生断裂。

三、采取的措施

仙居电站采用的新方案是将 D 形密封改为星形组合密封圈（GK08-PH），生产厂家为 SKF。它由底部 O 形橡胶圈与 X 形密封条组成。从厂家提供的有限元分析结果也可以看出，新方案相比原方案能适应更大的变形量。适合间隙大、阀体变形大的应用工况，因此，新方案能够满足仙居电站各种工况的使用要求。另外，由于 NBR70 材料 O 形圈的加入，密封压缩所需要的力也更小，接触应力变小使得摩擦力也相应减小，因此安装所需要的轴向推力也相应减小，有利于安装。图 3-2-3 为新密封组成与安装示意图。

仙居电站在 2018 年 4 月对首台机组进行改造，最后跟随机组检修逐台进行，将带皮垫的 D 形密封换为星形组合密封圈。截至目前，距离首台机组应用星形组合密封圈已超过两年时间，使用效果良好，未发生漏水现象。

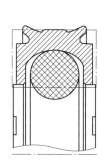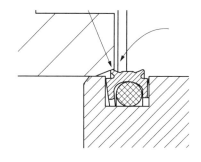

图 3-2-3　新密封组成与安装示意图

四、经验小结

1. 设备本质安全

工作密封环的密封槽设计尺寸应先遵循密封条厂家的制造与装配建议，而并非由密封条厂家去适配密封槽，这种做法会导致密封条需要定制，增加了成本，同时存在无法适配常规、成熟密封安装方案的风险。

从仙居电站安装和使用的经验来看，尽量不要使用组合密封，单一的 D 形密封更加便于安装且比组合密封耐磨。尤其在安装时，组合密封对工件倒角与安装工艺、安装时的细致程度有一定要求，否则会造成唇口翻边，安装后打压不通过的现象。

由于密封动作较为频繁，密封控制柜与供水管路尽量分散设计，考虑检修空间，同时尽量减少丝扣连接，管线布置以尽量简短为好。

2. 设备运维经验

密封作为主进水阀系统的核心部件与频繁操作部件，密封腔的保压性能极为重要，是防止自激振荡的重要环节。除了设置密封投退腔压力传感器进行实时监测外，每日对密封排水管进行巡视非常重要，及时发现密封排水管出现异常漏水现象，进行评估后加入检修计划，及时更换密封条。

案例 3-3　工作密封位置信号抖动故障

一、故障现象

2019 年开始，仙居电站主进水阀工作密封在高振动情况下，各台机组均出现了投入信号偶发性的抖动现象，信号抖动在 200ms 以内，频次约一个月两次。

二、故障分析

仙居电站的工作密封信号为两个接触式位置开关常开点串联后励磁继电器（见图 3-3-1）。检查信号线路无异常，更换继电器与底座后抖动现象仍未消除，更换位置开关后现象消除。分析原因为接触式位置开关老化后可能内部金属弹片性能降低，会发生抖动现象。主进水阀活门的位置开关为接近式位置开关，性能较为稳定，从未出现故障。

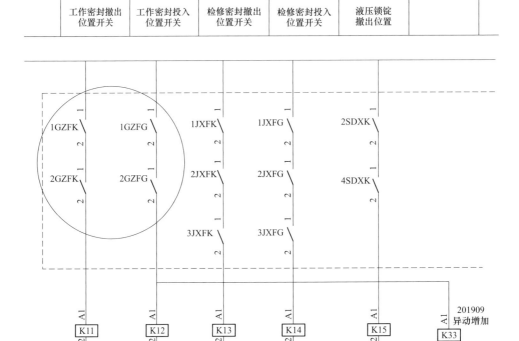

图 3-3-1　工作密封位置开关原理图（改造前）

三、采取的措施

将接触式位置开关改为接近式位置开关，将第一个接近式位置开关的输出作为第二个的正电源输入即可实现串联功能。接近式位置开关比接触式位置开关运行更加稳定。本次改造使用的型号同活门位置开关，三线制，型号为欧姆龙 E2E-X10E1-Z 2M×1（见图 3-3-2）。

四、经验小结

1. 设备本质安全

在设计采购期，各个阀门、部件的位置开关尽量选用接触式位置开关，接触式位置开关长时间使用老化后产生的瞬时抖动现象在调相五阀上也时有发生，更换位置开关后抖动现象即消除。

2. 设备运维经验

接近式位置开关是一体化原件，不存在维护的项目，只需在定检时检查螺栓紧固情况。由于工作密封的位置极为重要，因此作为每日巡检点巡视是否有螺栓松动、感应片松动或距离过长的情况，但不要用手触碰，尤其不要用金属材料靠近，避免误发信号。

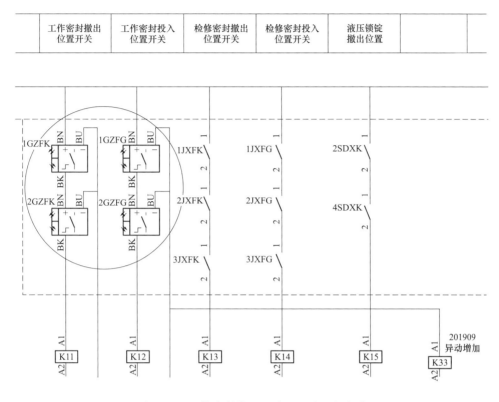

| 工作密封撤出位置开关 | 工作密封投入位置开关 | 检修密封撤出位置开关 | 检修密封投入位置开关 | 液压锁锭撤出位置 | | |

图 3-3-2 工作密封位置开关原理图（改造后）

第二节 调相系统运行过程中的缺陷分析及处理

案例 3-4 调相程序典型漏洞

一、故障现象

2020 年 9 月 15 日凌晨，仙居电站机组在完成首次调相压气后，出现了主充气阀与补气阀自行异常打开且后续无法正常关闭的情况。导致大量压缩气体进入转轮室与尾水管内部，空气压缩机启动后一定时间内仍源源不断地向机组输送压缩空气。

二、故障分析

仙居电站调相系统运行原理：监控向现地调相 PLC 发送"调相压水令"—开始调相压水，调相 PLC 发出主充气阀、补气阀、蜗壳平压阀打开令，发出调相回水排气阀关闭令，待水位下降至"液位升高"浮子后，发出主充气阀关闭令，水位下降至"液位低"浮子后，发出补气阀关闭令，向监控反馈第一次调相压水完成—当液位回升至"液位高"时发出补气阀打开令，继续上升至"液位升高"时发出主充气阀打开令，液位降低至"液位高"时发出主充气阀关闭令，液位继续降低至"液位低"时发出补气阀关闭令，正常情况下补气阀的开关即可使液位保持在"液位高"与"液位低"之间—监控向现地调相 PLC 发出回水令—调相 PLC 发出主充气阀、补气阀、蜗壳平压阀关闭令，发出蜗壳排气阀打开令（8s 后 PLC 发关闭令）、调相回水排气阀打开令（70s 后 PLC 发关闭令）—监控检测机组功率到达—70MW 后向调相 PLC 发出调相回水排气阀关闭令—PLC 关闭调相回水排气阀，收到水位回升至"液位过高"且调相五阀全部关闭信号后向监控反馈调相回水完成，流程结束。

故障发生后，联合厂家编程人员发现两点典型漏洞：

（1）漏洞一：在调相压水开始时用于打开主充气阀与补气阀的语句。

```
tp_cqfk_1(in:=not cmd_cqt and zt_ysyx and di_pqf_5YYFG,pt:=t#5s);
              无调相回水令      压水运行    调相回水排气阀关闭   5s脉冲
if tp_cqfk_1.q
then cmd_cqfk:=1; 主充气阀开令
cmd_bqfk:=1; 补气阀开令
end_if;
```

该段程序原设计是用于首次压气时，检测调相回水排气阀关闭状态，才可开始压气，"无回水令"和"调相回水排气阀关闭"在一开始就满足，只需等待监控"调相压水令"后，输入部分程序段将该脉冲信号转化为"压水运行"这个中间变量，上述程序即可导通。但是忽略了一种故障情况，"调相回水排气阀关闭"信号是由位置开关通过硬布线送入 PLC 的 DI 模块的，位置开关性能降低、位置开关设置过于临界、端子松动等多种情况均可以导致该信号发生抖动，其抖动的后果就是在不需要充气的时候打开两个充气阀门，使调相压水气罐中的压缩气体全部进入尾水管。例如 2020 年 9 月 15 日凌晨，仙居电站主充气阀与补气阀自行异常打开的原因就是调相回水排气阀将关闭信号送往 PLC 的位置开关性能降低，导致在振动情况下发生信号瞬时抖动。

既然该段程序的应用场景是首次压气时使用，那么类似于这种误成立有风险的语句就应该更加精确地描述应用条件，如与上无"第一次调相压水完成"信号，即加上"and not zt_yswc1"。

（2）漏洞二：功能模块如电磁阀命令输出语句采用 tp 脉冲语句时会发生被占用且后续该关闭而无法关闭的情况（以补气阀程序段举例）。

```
           补气阀关令1（应用于水位到达"液位低"的情况）
tp_bqfg_102b(in:=cmd_bqfg or cmd_bqfg1 or cmd_bqfg2 or ,pt:=t#2s, 2s脉冲给电磁阀
           补气阀关令（应用于打开超时35s）    补气阀关令2（应用于调相回水时）
q=>do_bqfg_102DCFb);
    输出至补气阀电磁阀关闭端（102电磁阀b端）
```

施耐德程序软件中对 tp 语句的功能描述如下。

tp脉冲的表示形式：

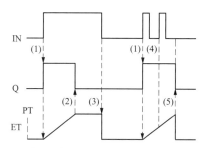

(1)　如果IN变为"1"，侧Q变为"1"且内部时间(ET)启动。
(2)　如果IN内部时间达到PT的值，则Q变为"0"（与N无关）。
(3)　如果IN变为"0"，则内部时间停止或复位。
(4)　如果内部时间尚未达到PT的值，则内部时间不受IN处时钟的影响。
(5)　如果内部时间已经达到PT的值且IN为"0"，则内部时间停止或复位，且Q变为"0"。

in曲线：cmd_bqfg、cmd_bqfg1、cmd_bqfg2任意一个满足即上升；Q曲线：in上升则Q立即上升，上升时间为ET到达顶点的时间，不受in的影响；ET到达顶点的时间为pt＝2s，Q便置上升2s；pt时间过后且in恢复为0，ET才可为0，ET恢复到0，Q才能第二次在in上升时上升。既cmd_bqfg、cmd_bqfg1、cmd_bqfg2任意一个满足，电磁阀点亮2s，且在2s后三个cmd全部复归为0，电磁阀才能被第二次条件成立时点亮。

此处存在某种故障情况，若cmd_bqfg（打开超时35s）、cmd_bqfg1（水位到达"液位低"）、cmd_bqfg2（调相回水时）三个中有一个成立但是在极端情况下未被复归，则该关阀语句一直处于占用状态，无论另外两个条件是否达成，都无法发出关闭电磁阀命令。

2020年9月15日凌晨，仙居电站主充气阀与补气阀异常打开后且无法正常关闭事件中就发生了类似极端的情况。事件发展如下：

（1）水位在"液位低"附近振荡，触发"液位低"信号，在充气阀门关闭状态下刷出阀门关闭令。

tp_yswc (IN := di_swx4_d AND zt_ysyx and DI_wkzyf_3YYFK, PT := t#5s);
　　　　　　液位低　　　　　　压水运行　　　　　　蜗壳平压阀开　　　5s脉冲

if tp_yswc.q
then cmd_bqfg1:=1; 补气阀关令1（应用于水位到达"液位低"的情况）
　　　 cmd_cqfg1:=1; 主充气阀关令1（应用于水位到达"液位低"的情况）
end_if;

该程序段也是tp语句，成立后"cmd_bqfg1"至"1"5s，同时补气阀关闭电磁阀点亮2s，在5s过后"cmd_bqfg1"可被复归，由于压水运行的信号是一直存在的，所以程序另外设置了复归语句如下：

（2）"cmd_bqfg1"置"1"5s后，若收到补气阀关闭信号，则可复归为0。

补气阀关闭　　　　　补气阀关闭电磁阀点亮

```
if DI_bqf_2YYFg or do_bqfg_102DCFb
then
        cmd_bqfg:=0;  补气阀关令（应用于打开超时 35 s）
        cmd_bqfg1:=0; 补气阀关令 1（应用于水位到达"液位低"的情况）
        cmd_bqfg2:=0; 补气阀关令 2（应用于调相回水时）
end_if;
```

结合漏洞二中的三段程序，发现一处明显的错误，"cmd_bqfg1"置"1"5s 后才可被复归，而电磁阀只能点亮 2s，证明"do_bqfg_102DCFb"成立并不能复归"cmd_bqfg1"，"cmd_bqfg1"只能依靠补气阀关闭信号来复归。而此时，若漏洞一在这 5s 内发生，打开了补气阀，则 cmd_bqfg1 一直复归不了，电磁阀命令输出语句就一直被占用，即使 cmd_bqfg（打开超时 35s）、cmd_bqfg2（调相回水时）成立也无法第二次输出。

三、采取的措施

1. 针对漏洞一增加闭锁条件

在首次压气打开主充气阀和补气阀程序段中，加入"无第一次调相压水完成信号"的闭锁，加入闭锁后当第一次调相压水完成，后续即使调相回水排气阀信号再发生抖动，该程序段也不会再次运行，避免压水完成后再次打开主充气阀和补气阀。

原程序：

```
tp_cqfk_1(in:=not cmd_cqt and zt_ysyx and di_pqf_5YYFG ,pt:=t#5s);

if tp_cqfk_1.q and not di_swx4_d
then cmd_cqfk:=1;
        cmd_bqfk:=1;
end_if;
```

修正后程序：

```
tp_cqfk_1(in:=not cmd_cqt and zt_ysyx and di_pqf_5YYFG AND NOT zt_yswc1,pt:=t#2s);
```
增加液位闭锁
```
if tp_cqfk_1.q and not di_swx4_d
then cmd_cqfk:=1;
        cmd_bqfk:=1;
end_if;
```

2. 针对漏洞二修改时间差

将控制程序中，逻辑判断的输出时间由 5s 改为 2s，电磁阀输出时间由 2s 改为 3s，因逻辑判断的输出时间短于电磁阀输出时间，即使在极端情况下不能收到阀门位置反馈信号，逻辑判断的输出也可以由电磁阀输出令复归，当满足主充气阀、补气阀的关闭条件时，可以再次发出电磁阀输出令关闭主充气阀、补气阀。

原逻辑判断语句：

```
tp_cqfk_1(in:=not cmd_cqt and zt_ysyx and di_pqf_5YYFG ,pt:=t#5s);
if tp_cqfk_1.q and not di_swx4_d
then cmd_cqfk:=1;
        cmd_bqfk:=1;
end_if;
```

修正后逻辑判断语句：

```
tp_cqfk_1(in:=not cmd_cqt and zt_ysyx and di_pqf_5YYFG AND NOT zt_yswc1,pt:=t#2s);
if tp_cqfk_1.q and not di_swx4_d
then cmd_cqfk:=1;
        cmd_bqfk:=1;
end_if;
```

修改判断语句与电磁阀输出语句的延时配合

原电磁阀输出语句：

```
tp_cqfk_101a(in:=cmd_cqfk or cmd_cqfk1 or (hmi_manl_f and hmi_kcqf_cmd),pt:=t#2s,q=>do_cqfk_101DCFa);
tp_cqfg_101b(in:=cmd_cqfg or cmd_cqfg1 or cmd_cqfg2 or(hmi_manl_f and hmi_gcqf_cmd),pt:=t#2s,q=>do_cqfg_101DCFb);
```

修正磁阀输出语句：

```
tp_cqfk_101a(in:=cmd_cqfk or cmd_cqfk1 or (hmi_manl_f and hmi_kcqf_cmd),pt:=t#3s,q=>do_cqfk_101DCFa);
tp_cqfg_101b(in:=cmd_cqfg or cmd_cqfg1 or cmd_cqfg2 or(hmi_manl_f and hmi_gcqf_cmd),pt:=t#3s,q=>do_cqfg_101DCFb);
```

四、经验小结

1. 设备本质安全

程序的编译应层级分明，归类清晰，按照事件的发展进程按顺序编写，尽量避免一句程序段适用多种情形，对于有 DI 输入信号的语句，要充分考虑其误动、断线、抖动所可能引发的后果。

尽可能减少未知性能信号元件的 DI 输入量在程序中关键位置的使用，DI 输入量是由信号元件通过电缆再经过一系列端子排送至 PLC 中的 DI 模块，继而参与逻辑运算。元件性能、端子松动、螺丝滑牙、线路接地、端子损坏等多种可能都会导致误信号，可靠性低。例如漏洞二的复归语句一直采用位置信号来复归，一旦位置信号未收到，就引发其他意想不到的后果，而采用输出即复归的方法就可以避免，输出信号本身由逻辑运算产生，错误风险低。

要通篇检查程序中的延时设置与脉冲设置，检查前后逻辑是否存在冲突。例如漏洞二，"逻辑判断"的输出时间 5s，"电磁阀输出"时间为 2s，用"电磁阀输出"来复归"逻辑判断"的程序段无法生效。

经过多厂调研，分析对比，从设备配备和程序语句书写方式上讲，建议参照天荒坪电厂，位置开关均为双冗余信号参与控制，阀门拒动或者信号异常时有报警信息。

注意，程序中一定要有阀门信号异常的报警信号。

2. 设备运维经验

调相五阀的正确动作是调相工况非常重要的环节，尤其调相阀门拒关会引发较为严重的后果，因此调相阀门的位置开关巡视，传动机构巡视列为每日重点巡视项目之一，有异常早处理。其中尾水排气阀多为弹簧自关闭结构，应每月分析排气阀关闭时间，可从趋势上及早发现因弹簧老化而造成未完全关闭或关闭缓慢的异常。

在设备维护方面，充尾水后应检查或冲洗液位计，防止水生生物卡住浮球，防止浮球破裂送出错误信号。

案例 3-5　调相阀门信号抖动

一、故障现象

2020 年开始，仙居电站调相回水排气阀、蜗壳平压阀等阀门在各台机组均频繁出现位置信号偶发性的抖动现象，由于调相阀门的位置直接会影响程序运行，可能导致异常压气或补气，因此调相阀门位置信号稳定性十分重要。

二、故障分析

调相阀门一般配有 4 个位置开关，2 个为全开信号，2 个为全关信号，分别送往监控作为监视及送往调相 PLC 作为程序控制。所有信号均取常开点（见图 3-5-1）。

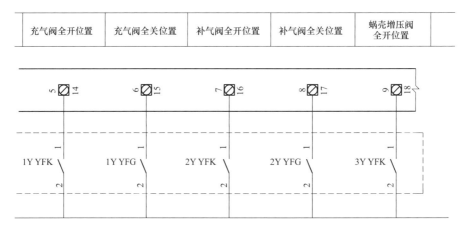

充气阀全开位置	充气阀全关位置	补气阀全开位置	补气阀全关位置	蜗壳增压阀全开位置	

图 3-5-1　蜗壳平压阀位置开关原理图（送 PLC）

故障发生后，可通过对比监控的位置信息与 PLC 的位置信息，第一时间判断为位置开关异常或阀门拒动。仙居电站发生的信号抖动多为位置开关异常，阀门本身均正确动作，更换位置开关备件后，抖动现象一般会消除。与工作密封的位置开关信号抖动类似，证明接触式位置开关的老化导致的信号抖动现象是比较普遍的。

三、采取的措施

将原接触式位置开关改造为接近式位置开关。接触式位置开关为两线制，本次改造也使用两线制的位置开关，不需要重新敷设电缆（见图 3-5-2）。改造结果如下：

位置开关型号为（PEPPERL＋FUCHS）NCN30＋U1＋U，需要串联继电器使用，当感应片靠近位置开关时，常闭点变为常开点，继电器励磁，继电器节点送出位置信号（见图3-5-3）。

图 3-5-2 蜗壳平压阀位置开关实物图

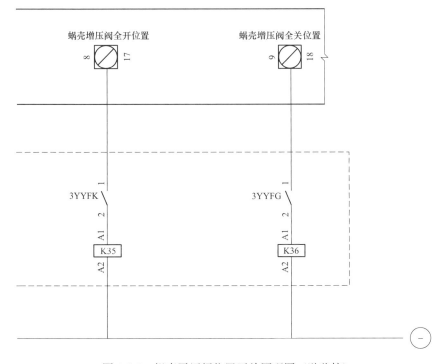

图 3-5-3 蜗壳平压阀位置开关原理图（送监控）

43

四、经验小结

1. 设备本质安全

在设计阶段尽量使用接近式位置开关，其稳定性优于接触式位置开关。其中三线制的位置开关优于两线制位置开关，因为可以减少一个继电器，减少维护量的同时避免了因继电器老化而导致信号异常的风险。另外，不要选择既有常开点又有常闭点的位置开关，本次案例中介绍的两线制位置开关是分体式的，内部有 4 个接线柱，两个为常开点，另外两个为常闭点，有接线柱就存在螺栓松动的风险，机组检修时得拆开检查维护。而上面介绍的工作密封位置开关改造使用的三线制为圆柱形的探头形式，一体式，拆不开，不存在接线柱，只有三根线，免维护，运行也非常稳定。

2. 设备运维经验

由于位置开关装设于蜗壳层，维护时要仔细检查位置开关是否受潮，进线孔是否封堵完好，位置开关是否牢固，指示装置是否牢固，是否存在安装过于临界的情况。

第四章
调速器系统

仙居电站调速器系统设备分为电气和机械液压两部分。电气部分采用安德里茨（ANDRITZ）提供的 SAT TC1703XL 型号电调控制系统，该系统具有运算速度快、调节精度高、软硬件模块化设计、图形化编程方便等特点，主要由电源模块、CPU 模块、I/O 控制模块、输入输出模块、通信模块等组成，电气部分负责实现调速系统的前端逻辑控制。

机械液压部分为哈尔滨电机厂成套提供，特点是结构简单，安装、调试、使用、维护方便。主要由回油箱总装、事故配及分段关闭总装、主供油阀、压力罐总装等组成，机械液压部分为执行机构，根据电气控制信号实现调速系统的导叶开闭动作。

调速器系统自 2016 年 5 月投运至今，从电气硬件模块、软件逻辑、传感器至机械液压回路零部件均发生过故障导致机组启动不成功或紧急停机等问题，以上问题目前均得到有效解决。

第一节　电调硬件回路运行过程中的缺陷分析及处理

案例 4-1　电调模块未做双冗余导致模块故障后出现紧急停机

一、故障现象

2017 年 8 月 20 日，2 号机组 16:21:03 在带 375MW 负荷下由于 2 号调速器报出严重故障，事故配动作停机。

二、故障分析

根据事件清单，在严重故障出现前，调速器出现了 PE6410 1 故障（1 号 IO 模块控制器）、比例伺服阀 1 故障、导叶反馈 1 故障报警，电调同时将 CPU1 切至 CPU2，结合检查电调紧急停机（ESD）程序段，初步确定"PE6410 1 故障"（1 号 IO 模块 PE0001 控制器）单一元件故障导致了 2 号调速器报严重故障，引起机组机械事故停机，电调程序见图 4-1-1。

进一步检查调速器电调柜 PE6410 模块及其他数字、模拟量输入输出模块，模块之间采用卡扣固定方式（见图 4-1-2），采用串联排列连接，该种结构如出现卡扣

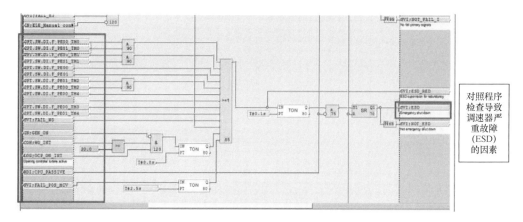

图 4-1-1 电调程序

不紧易造成接触不良，瞬时接触不良即会出现模块故障报警，调速器转速装置模块出现过因连接触头接触不良导致模块报警的情况，因此判断 2 号调速器 1 号 PE6410 模块连接触头存在短时接触不良问题，导致电调中 1 号 PE6410 的通信无法正常上传，调速器严重故障导致机组机械事故停机。

图 4-1-2 PE6410 模块

三、采取的措施

对电调柜模块功能进行冗余配置异动，保证出现任何单一元件故障时不发生紧急停机，只报警。具体如下：

（1）每条模块通过 IO 控制器 PE6412 及接口模块 CM0842 将本条模块上所有 IO 点的信息送给该 CM0842 所连的 CP2017 处理，形成了电调功能的全冗余。

（2）CPU 与 IO 模块间的接口模块由 1 个 CM0843 改成 2 个 CM0842。

（3）IO 控制模块由 2 个 PE6410 改成 2 个 PE6412。

（4）接口模块与 IO 控制器之间的连接线由 2 根 USB 形式的普通线改成 4 根光纤接口线。

（5）每条 IO 模块各增加一个开关量输入模块 DI6100 和一个开关量输出模块 DO6200，保证每条模块的信号点位完全冗余对等。

四、经验小结

1. 设备本质安全

在设备设计、制造方面，公司系统内有多家单位采用安德里茨公司产品，安德里茨公司采购的西门子公司配件较多，由于早期西门子公司没有做到全球化生产，因此该公司提供的模块大多为本土生产，故障率较低，所以近年来该公司电调设计理念一直采用非完全冗余的方式。但是，在全球化合作加深背景下，产品跨国设厂生产开始增多，模块故障率也出现明显提高，因此对于电调重要元器件以及异动、改造，应尽可能从元件故障时对机组产生的影响角度出发，做到冗余配置。

2. 设备运维经验

日常设备维护中，应充分结合月度定检检查电调系统自动化元件状态，检查其固定情况、运行情况、参数显示等，及时发现设备潜在的安全风险。

案例 4-2　电调 CPU 切换导致功率未带满

一、故障现象

2018 年 8 月 29 日，4 号机组在发电启动过程中，因调速器电调 CPU 切换导致机组稳定在 196MW 运行，未能带至设定负荷（375MW）。机组启动过程至机组带 196MW 负荷期间，监控系统、调速器系统均未出现报警信息。

二、故障分析

监控系统设定功率为 375MW，当主 CPU 功率给定值上升到 196MW 时发生了电调 CPU 切换，备用 CPU 变主用时，其跟随的有功设定值为原主用 CPU 计算后的功率给定值，即 196MW。因此确定此时事故的直接原因是电调 CPU 发生自动切换导致。

进一步对 4 号机组电调 CPU 切换情况进行检查，连接电调程序，对 4 号机组电调进行 CPU 诊断和 CPU 历史诊断记录，通过 CPU 历史诊断记录（见图 4-2-1）发现存在外围元件故障（具体标示：从第一条模块的 PE6412 去往 CPU 的通信中断；从 CPU 去往第一条模块的 PE6412 的通信中断）。对照每条报警信息均能与 CPU 切换时间对应，因此进一步分析为 CPU 与 PE6412 之间通信瞬时中断导致了 4 号机组电调的 CPU 切换。

结合 2018 年初完成的电调模块冗余异动工作，CPU 与 PE6412 之间通讯由原电—电接口形式改成了光—电接口形式，CPU 与 PE6412 之间通信瞬时中断问题在 2019 年进行了一系列排查和元器件更换工作，最终在更换 PE6412 模块后 CPU 切换现象基本消失，回头看可以确定问题发生在光—电转换环节。

三、采取的措施

对切换问题处理过程：

首先是结合现场设备结构分析可能导致 CPU 与 PE6412 之间通信瞬时故障的原因：CPU1 至 PE6412 的一条光纤或网线、CM0842 任一故障均将进行 CPU 进行切换；CPU2 至 PE6412 的一条光纤或网线、CM0842 任一故障均将进行 CPU 进行切换。另外，结合考虑 CPU 切换出现时间，1、2、3 号机组电调几乎没出现，对照 4 号机组电调，当时分析此次 CPU 切换也可能和 4 号机组电调改造 B 码对时有关，

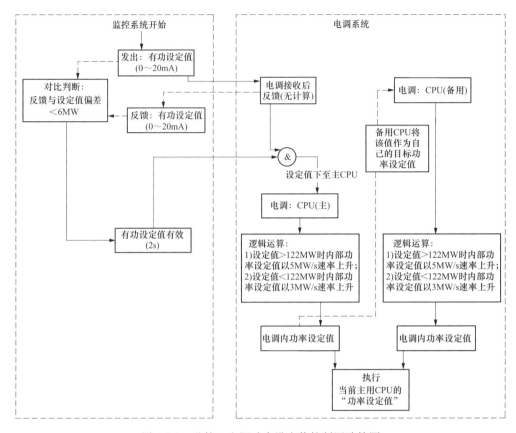

图 4-2-1　监控、电调功率设定值控制回路简图

怀疑对时数据的交换导致 CPU 过载发生切换。

从后面的处理过程看，首先恢复电调 B 码对时功能未能解决 CPU 切换问题。之后从通信回路入手通过排除法查找原因。逐步通过更换元器件的方式进行排除，更换了网线、光纤及 CM0842 后 CPU 切换次数均未明显减少，最后在更换了 PE6412 后 CPU 切换基本消失。

四、经验小结

1. 设备本质安全

安德里茨电调全冗余配置只能采取光—电接口形式，该接口形式可以避开单一元件出现故障时导致电调严重故障，同时光—电接口优点是抗干扰能力强，信号传输快，缺点是环境适应性比电—电接口差，所以需要保证光电转换设备元器件制造质量要好（如光纤、PE、CM 模块等），同时备品采购方面也需要有一定裕量，保证出现问题情况下可以及时更换。

2. 设备运维经验

在设备运维方面，由于光—电接口设备对运行环境要求较高，接口不能存在灰尘等污染，设备对环境温度、湿度均有要求，所以在日常巡检加强巡视柜内的加热器运行情况，检查柜内温、湿度是否在合格区间内，在日常维护中注意对柜内模块、接线等外观进行检查、清扫，保证设备清洁无积灰、无污染。

第二节　调速器自动化元件运行过程中的缺陷分析及处理

案例 4-3　齿盘探头故障

一、故障现象

2020 年 6 月～2021 年 10 月，仙居电站由 64 齿更换为 128 齿的齿盘（见图 4-3-1），出现 1 次探头松动打坏，出现多次启动过程中误报齿盘探头故障。

二、故障分析

仙居电站 128 齿盘后，通过测速增加蠕动信号判断逻辑。①设计时未能考虑探头与齿盘距离由 2.5mm 变为 1.5mm，导致易出现高振动区域的细螺纹固定螺母松动，导致探头内移，在大

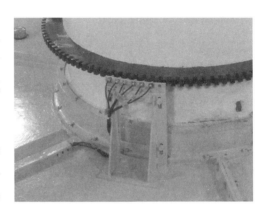

图 4-3-1　128 齿的齿盘

轴高速转动打磨到齿盘探头（见图 4-3-2）；②在机组启动过程中，由于探头灵敏度高，在机组刚转动时，机组可能存在短暂时间内时转时停再均匀升速的过程。在此过程中，由于导叶开度不为零，同时调速器曾经检测到转速，当机组停转时间稍长或齿盘信号刷新超过 0.6s，调速器认为此探头故障。在低转速情况下，此故障可能报出，判断逻辑设计不合理（见图 4-3-3）。

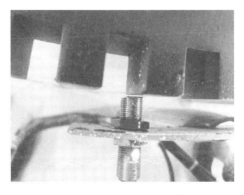

图 4-3-2　打磨后损坏探头

三、采取的措施

仙居电站采用的措施：①更换内攻螺纹探头支架，定检过程中检查螺栓松动情

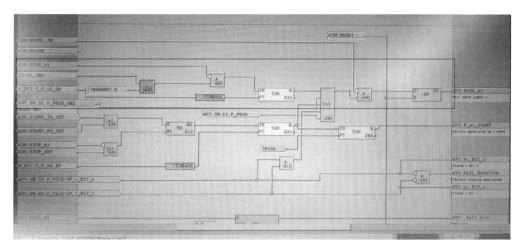

图 4-3-3　齿盘探头故障判断逻辑

况。②修改程序逻辑：收到开机令后延时 10s，且导叶开度大于 1.5%，检测到转速且探头在延时 0.6s 内又检测不到转速，判断探头故障。

四、经验小结

1. 设备本质安全

齿盘更换后，未完全考虑高振动区探头松动问题，且支架为薄钢板，自身振动也较大，对于细螺纹螺栓松动风险较大。程序判断逻辑在新磁盘后，其部分条件相对变化，对于原有程序将不适应现有情况。

2. 设备运维经验

齿盘探头包括探头支架均应牢固，在机组检修后调试过程中，监视各齿盘探头均能测到转速，支架为可活动支架，减少探头拆装次数，防止损坏探头细螺纹。

案例 4-4　液压系统事故低油压故障

一、故障现象

现象一：2016 年 11 月 16 日，仙居电站 3 号机组调速器油压装置事故低油压报警动作，3 号机组紧事故停机，机组带 −380MW 负荷抽水稳态跳机。

现象二：当调速器液压系统控制方式选择开关切至"切除"位置时，如果调速器压力油泵控制方式选择开关在"自动"位置时，油泵会按启泵逻辑自动启动，不受液压系统控制方式选择开关限制。该现象不符合逻辑设计要求，同时存在一定安全风险，即：当压力管路阀门处于关闭状态，液压系统控制方式选择开关在"切除"位置，压力油泵控制方式选择开关在"自动"位置时，油泵仍会启动泵油，导致压力管路油压上升，油泵卸荷安全阀动作。

二、故障分析

现象一原因：在于 3 号机组调速器油压装置柜上调速器油压系统控制方式选择

开关的"自动"方式辅助接点松动（见图4-4-1），调速器系统3台油泵启动条件不满足，造成运行中出现3号机组调速器压力油罐油压降低至事故低油压，3号机组紧急事故停机。

在油压装置上该电站水轮机保护调速器压力油罐的事故低油位及事故低油压采用的单一元件跳机。存在逻辑不可靠或误动造成机组跳机风险。

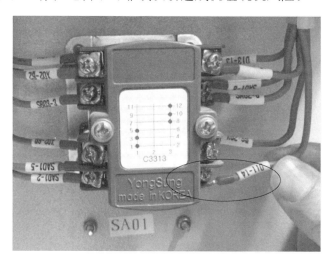

图4-4-1 控制方式选择开关端子松动

现象二原因：当调速器液压系统控制方式选择开关切至"切除"位置时，程序内无法复归启动主泵命令，程序逻辑控制上存在漏洞，无该条闭锁逻辑。

三、采取的措施

针对端子松动问题，结合定检、日常消缺和定期工作开展对全厂二次盘柜端子进行紧固；增加油压低、油位低信号给监控报警画面；将相关控制方式条件纳入机组启动预条件中。

针对水轮机保护调速器压力油罐的事故低油位及事故低油压采用的单一元件跳机，改为水轮机保护调速器压力油罐油位采用油位低和事故低油位硬布线串联，同时动作后出口跳机的逻辑；调速器压力油罐的油压采用油压低和事故低油压硬布线串联，同时动作后出口跳机的逻辑。

针对油压装置程序漏洞问题，改进为当调速器液压系统控制方式选择开关切至"切除"位置时，程序将复归启动主动泵命令，同时开出1、2、3号压力油泵停泵令，压力油泵控制方式选择开关在"自动"位置的油泵无法自动启动。

当压力油泵控制方式选择开关切至"手动"位置时，油泵仍可手动启动，不受液压系统控制方式影响。

四、经验小结

1. 设备本质安全

在设计时，一些重要的端子采用防松一体式接线，监控对重要信息进行监视及报警。

针对油压装置单一水轮机保护，设计上需将油位的油位低和事故低油位及油压的油压低和事故低油压采用硬布线闭锁形式加入跳机逻辑，由于单一元件误故障可能性较大，闭锁单一元件跳机，优化跳机回路。

在逻辑程序控制设计上，需重新考虑现场出现控制方式在切除时，闭锁油泵自动启动等类似逻辑漏洞，避免油泵启动条件不具备时自动启动导致管路憋压问题。

2. 设备运维经验

运维时，定检及检修对盘柜二次端子进行紧固检查，将调速器油泵、球阀油泵、技术供水泵等控制方式条件纳入机组启动预条件中。

在调试及修试时，需对油压装置跳机回路进行模拟验证，充分保证该水轮机保护回路正常。

第五章

闸门金属结构

仙居电站装机 4 台，每台机组尾水管末端设置 1 扇尾水事故闸门，每扇尾水事故闸门设置 1 台液压启闭机，4 台液压启闭机共用 1 套液压泵站，液压泵站内油泵、加载阀组、油箱均为冗余配置。

案例 5-1　尾水事故闸门液压系统故障

一、故障现象

尾水事故闸门（简称尾闸）液压系统投运至今分别出现过 2、4 号尾闸下滑过快；4 台尾闸同时落门锁锭退出不到位等主要问题。

二、故障分析

（1）针对 2、4 号尾闸下滑过快问题，分析直接原因为有杆腔或与其相连阀门内漏，于是便通过关闭不同阀门，观察闸门下滑速度有何变化，最终找出内漏点为单向阀 AA002。下面是具体做法：

1）关闭与液压缸相连的三只阀门 AA014、AA018、AA019，观察到闸门下滑速度缓慢，因此液压缸内漏影响较小，不是主要原因。

2）关闭 AA014、AA018 阀门，观察到闸门下滑速度略有增加，但远小于故障下滑速度，因此 AA019 阀门之后液压阀组内漏量较小，不是主要原因。

3）关闭 AA014、AA019 阀门，观察到闸门下滑速度较快，接近故障下滑速度，因此判断 AA019 阀门之后阀组存在较大内漏，为故障主要原因。

4）AA019 阀门之后为单向阀 AA002，起到有杆腔保压，防止闸门下滑的作用，于是更换该阀门，更换完成后再次测试，观察到闸门下滑速度变缓慢，因此确认故障原因为单向阀 AA002 关闭不严。

5）由于该阀门外观无异常，用手按压打开关闭正常，且闸门故障下滑速度并未超过 GB/T 5019《以云母为基的绝缘材料试验方法》相关规定，推测该阀门密封面可能存在少量高点或磨损，但由于缺乏相关设备，现场无法对其进行检测，未进行进一步研究。

（2）针对 4 台尾闸同时落门锁锭退出不到位问题，通过连续几次试验，发现 4 台尾闸同时闭门时会随机出现某台闸门锁锭退出不到位情况（2、4 号尾闸居多），并且当其余闸门关闭到位后，该台闸门会继续退出锁锭，执行闭门流程，因此判断设备硬件并未出现故障，故障原因待分析，具体方法如下：

1) 通过试验观察发现闸门落门之前系统油压为 6.3MPa 左右，闸门落门时系统油压降为 0.8MPa 左右，为正常现象，结合液压系统原理图，发现锁锭投退管路上装有 1 只叠加式液控单向阀 AA008，该阀门打开压力较高（现场无法测量，推测高于 0.8MPa），因此判断故障原因为 4 台闸门锁锭退出顺序有先后，先退出锁锭者率先落门，使系统油压降低，导致后退锁锭者无法打开液控单向阀或者无法保持液控单向阀处于打开位置，最终锁锭未退出或退出不到位。

2) 尝试通过调整 4 台闸门锁锭供油管上的叠加式节流阀 AA017，使 4 台闸门锁锭退出保持同步，但经过多次尝试均以失败告终，后经过理论分析，4 台尾闸锁锭退出时间同步是众多样本中的某一个特定样本，是只存在于理论中的某一状态，实际操作中很难实现，且外部条件稍有变化，这一状态就会发生变化，因此 4 台尾闸锁锭退出必有先后之分，此方法不通。

3) 考虑对电气控制系统和液压系统进行改造，在每台尾闸油缸顶部增加补油箱，在落门时为无杆腔补油，油泵只为锁锭供油，但这一方案对原系统改动较大，费用投入较多，改造周期长，且一般不具有改造时机，只能作为备选方案。

4) 考虑通过设置延时来实现统一退锁定或统一落门，经过对电气原理图进行分析，最终决定新增 1 只时间继电器，定值设为 20s（包括启泵时间、泵空载时间 10s、退锁定时间等），异动后紧急落门逻辑变为在收到紧急落门命令后，20s 内 4 台尾闸执行解锁指令，锁锭退出后等待执行闭门指令，20s 后 4 台尾闸同时落门。

5) 异动接线完成后再次进行水淹厂房紧急落门试验，实测各台闸门开始动作时间在 17~19s 之间，且锁锭均退出到位，异动效果良好。

三、采取的措施

（1）针对 2、4 号尾闸下滑过快问题，采用更换单向阀 AA002 的方法得以解决，效果良好。

（2）针对 4 台尾闸同时落门锁锭退出不到位问题，通过在控制回路上增加延时继电器，并将节点串入紧急闭门回路中的方法得以解决，效果良好。

四、经验小结

1. 设备本质安全

（1）在液压系统或其他管路系统中，单向阀是一种十分重要的阀门，在采购时应注意购买性能优异的产品。

（2）单独安装于管路上的单向阀前后应有手动隔离阀，尤其是泵组出口共用一条管路时，单向阀之后应设计手动隔离阀。

（3）单向阀制造过程中应选用抗磨损性、抗疲劳性、抗腐蚀性好的材料。

（4）尾水事故闸门控制系统以及液压系统设计时应考虑极端情况下的闭门要求，并通过模拟推演，找出设计是否存在漏洞。

2. 设备运维经验

（1）尾水事故闸门及液压启闭机安装验收时不能单纯只看液压缸泄漏量，还应连同液压管路、阀组一起，测量闸门下滑速度。

（2）尾水事故闸门及液压启闭机系统调试时不仅要进行单体调试，还应结合电站实际，考虑极端情况下的闭门需求，以此检验系统设计、安装是否合格。

案例 5-2 尾水事故闸门吊轴监测装置故障

一、故障现象

尾闸吊轴监测装置投运初期出现过装置卡涩、配重块掉落等问题。

二、故障分析

吊轴监测装置卡涩主要原因为衬套上压盖把合过紧，V形密封圈变形量过大，与杆一之间摩擦力过大，导致刚开始落闸门时吊轴监测装置未正常跟随闸门下落，待闸门下落一定距离后该摩擦力被克服，吊轴监测装置迅速下坠，在此冲击下，杆二上配重块底部承重垫片焊缝断裂，配重块掉落。

三、采取的措施

（1）对吊轴监测装置零部件进行异动：修改杆一上部限位块形状及尺寸；修改最底部配重块中轴孔单侧切 10mm 倒角，所有配重块点焊连接；导向块长度由 600mm 减小为 530mm，宽度由 30mm 减小为 28mm，材料由 1Cr18Ni9 调整为尼龙；杆二底部承重垫片由单面焊接改为双面焊接；支架二上加焊一块 10mm 厚的钢板，增加支承刚度，加焊两块 1Cr18Ni9 钢板，起导向作用，在顶部钢板上增开螺纹孔，增设缓冲橡皮和螺栓；调试时调整螺栓松紧程度，保证上压盖处无漏水且装置能跟随闸门自由下落。

（2）后期考虑到杆一与杆二之间采用螺纹连接，且长期处于水下，受水流扰动作用，可能存在螺纹脱开情况，若杆一与杆二脱开，则杆一会在下库水压作用下被挤出衬套，导致大量水漏至尾闸洞，于是在原支架二上用钢板制作焊接一个门字形护罩，防止极端情况下杆一被冲出。

（3）现已计划对吊轴监测装置进行永久改造，主要把配重块移至装置上部，减少水下部件，方便巡检、维护。

四、经验小结

1. 设备本质安全

（1）吊轴监测装置设计时应考虑电站巡检、维护需求，尽量减少水下部分，水下零件应有足够的防腐寿命或采用不锈钢材质，水下连接尽可能减少，连接时应考虑永久连接形式，做好防松、防锈措施。

（2）设计时应考虑极端情况下的后备保护措施，防止事故扩大。

（3）制造时，尤其是在工地现场制造时，要注意严格按设计图纸参数进行制造，不能变动任何设计参数，如确与实际不符，应提出设计人员修改。

（4）采购时应尽可能咨询兄弟单位、厂家、设计院是否有新形式的产品，应采购最新一代或最成熟产品。

2. 设备运维经验

（1）调试过程中应注意观察设备动作是否顺畅，各部件连接是否出现松动，调试时发现异常现象要及时分析，不能急于投产。

（2）运行操作过程中应有专人监视设备动作情况，以本体动作情况优先，发现异常首先立即停止操作，待原因查明或确认可控后才能继续操作。

案例 5-3 尾水事故闸门自动化元件故障

一、故障现象

尾闸自动化元件（含控制系统）部分曾出现过尾闸全开位置丢失导致机组机械事故停机以及尾闸无法自动启闭问题。

二、故障分析

（1）针对尾闸全开信号丢失导致机组机械事故停机问题，查看尾闸电气原理图、球阀控制原理图、机组控制程序可知，当尾闸全开信号复归后球阀关闭回路导通，球阀关闭后监控程序中事故停机条件成立，PLC 输出事故停机信号，机组事故停机。

（2）针对尾闸无法自动启闭问题，需结合电气原理图与调试电脑共同检查，可能原因一般为启门继电器故障或接触不良、DO 模块输出端子排接触不良，同时也需检查回路中其他各接线端子是否松动。

三、采取的措施

（1）针对尾闸全开信号丢失导致机组机械事故停机问题，对球阀控制原理图等进行异动，主要将吊轴监测装置 2 各全开信号分别送至监控，经过监控扩展继电器后各取 1 对节点并联后送至球阀控制柜，再将吊轴监测装置下滑 280mm 和下滑 340mm 信号并联，送至球阀控制柜，穿入关球阀回路，这样尾闸全开信号丢失关球阀逻辑变为“尾闸全开 1 复归＋尾闸全开 2 复归＋（下滑 280mm 或下滑 340mm）”，有效防止单一元件误动跳机。

（2）针对尾闸无法自动启闭问题，根据查找出的原因更换继电器、底座、DO 模块或模块前连接器。

四、经验小结

1. 设备本质安全

（1）控制系统设计时应考虑元件误动风险，避免出现单一元件误动导致设备误动的控制回路。

（2）自动化元件设计时应同步设计防止元件误动的防护措施。

2. 设备运维经验

运维过程中应注意对自动化元件做好防护，防止误动设备。

第六章

消防系统

　　仙居电站消防报警系统集中火灾报警主机型号为 LD128EⅡ，与一套计算机操作管理工作站相连，位于中控楼一楼消控室。消控室集中火灾报警主机可以显示出火灾发生后在建筑平面图上探测器或手动报警按钮发出的报警信号、消防联动设备动作后的反馈信号等，可显示全厂火灾报警系统布置总图、各层平面图、各区域报警系统图等及相应的控制操作菜单。当火灾发生时，在工作站显示器上立即自动显示火灾发生地点的详细位置说明。在计算机操作管理工作站也可以进行手动关闭防火卷帘门、停止通风机等操作。

　　集中火灾报警主机可以汇总各个区域机和壁挂式控制器的所有联控设备信息，如探头报警信号，防火阀开关等，并可以直接控制。主厂房区域、副厂房区域、主变压器洞及尾闸区域、开关站区域、上库区域各布置一台型号为 LD128E（Q）的立柜式区域主机，柜子分别布置于发电机层 1 号机组侧、副厂房调试室、LCU6室、继保室、LCU10 室；1～4 号主变压器室、SFC 输入变压器室、SFC 输出变压器室外墙各布置一只型号为 LD128EN（M）的壁挂式区域火灾报警控制器；中控楼区域在消控室内设置另一台型号为 LD128EⅡ的立柜式集中火灾报警主机，但仅仅作为区域主机使用，只控制中控楼区域的消防设备，不参与其他区域机的控制，当正常使用的集中主机损坏时可作为备件替换。另外，发电机消防报警控制器使用的报警主机非利达产品，不受集中主机控制。

　　2016 年系统投运以来，发生的典型问题有探头误报警、感温电缆误报警等。

案例 6-1　发电机消防主机"火警"信号故障

一、故障现象

　　2020 年 9 月 8 日 00:01:55，值守人员发现监控报"1 号机预火警"。现场检查报警主机发现 7 号探头报火警，风洞外无异味。发电机电气量保护无报警及动作信息。随后立即申请防误闭锁钥匙进入外风洞快速巡视，此处特别交代，靠外墙行走，切勿触碰任何金属设备，风洞门口需有专人把守并登记物品，外风洞巡视人员与把守人员保持联系。排除火警后判定为探头误报警。对消防报警主机进行复归操作，预火警报警消除。

二、故障分析

发电机风洞内共布置 4 个温感探测器与 4 个烟感探测器，分别布置于每个定子机架支腿顶部（支腿共 8 个），其消防控制逻辑在电气控制箱中以硬布线方式实现。任一探测器动作输出预火警；两种类型探测器动作输出火警。

可能的原因有以下几类：

（1）底座接触不良。后续检查底座未见异常，且正常情况下，接触不良应该报故障，而不是报火警，此项排除。

（2）线路短路、断线。8 个探测器的接线方式按顺序并联在总线上，若 7 号探测器位置发生断线，则 8 号也应该报故障。若发生短路，则主机报故障，此项排除。

（3）探测器误报警。现场将 8 号探测器与 7 号探测器对调，发现 7 号未报火警、8 号报火警，证实 7 号探测器确实故障。由于 7 号探测器是新装入 1 号机组风洞，放置久了其外部可能已经积累了一定浮灰。当装入 1 号机组启动时，表面浮灰吹入探测器，触发报警。

三、采取的措施

更换探测器。准备充足备件，按时做好发电机消防探头标定工作。

四、经验小结

1. 设备本质安全

发电机消防报警系统的采购尽量选国内大品牌，最好与全厂消防报警系统保持一致。因为不同品牌的消防主机不能相互联网，这种情况下经常发生发电机消防主机不能连入全厂消防系统环网，火警信号送入中控室而不是消控室。

2. 设备运维经验

风洞内的探测器多为烟感和温感探测器。由于发电机长期处于高温状态，甚至发电机经常有动火作业，会导致探头塑料底座加速老化或热变形，容易造成故障或误报的情况，而风洞内部的故障处理较为麻烦，需要风洞隔离，因此建议每 2 年更换一次底座与探头，顺便可以省去标定的工作。

建议配备探测器安装的伸缩杆，为一种专用工具，可在地面拆装高处的探头，避免高处作业的风险，伸缩杆一般可伸长至 6m。

案例 6-2 500kV 出线洞感温电缆故障

一、故障现象

2020 年 5 月 31 日，中控楼集中报警主机显示 39-171 点位故障。现场检查发现对应点号的微机调制器故障指示灯亮。

二、故障分析

消防输入模块通过 16V 电压的二总线与火灾报警主机进行通信，由主机提供

24V 电源控制联动设备。输入模块接收感温电缆微机调制器报警信号，反馈至主机。当相应模块、相应设备发生故障时，中控楼集中报警主机显示 39-171 点位故障。

感温电缆由微机调制器、终端处理器、感温电缆三部分构成。当感温电缆检测到温度大于 85℃时，回路阻值进入报警区间，微机调制器发出报警信号。当发生断线或设备故障时微机调制器检测到线路阻值超报警范围，发出故障信号。

感温电缆故障原因可能有以下几类：

（1）感温电缆断线。现场检查感温电缆无断点，此项排除。

（2）微机调制器故障。现场检查微机调制器无明显异常，工作电压正常，此项排除。

（3）终端盒故障。现场检查发现终端盒内有严重结露现象，对终端盒进行干燥处理后故障消除。

三、采取的措施

对终端盒进行干燥，对其他终端盒进行检查无异常。对该区域所有终端盒内加装干燥剂，所有终端盒外部进行密封处理，并移出电缆沟外挂至干燥区域。同时，端子箱内也放置干燥装置，定期检查更换。后续观察发现该措施十分有效。

四、经验小结

1. 设备本质安全

使用的感温电缆为普泰安 JTW-LD-PTA302/303 型可恢复式缆式线型定温火灾探测器。感温电缆的原理为，内部使用电阻随温度急剧变化的材料隔绝导线与地线，当一定温度以下，该材料为绝缘状态，当温度超过一定值时，绝缘材料阻值降低，导线接地，其微机装置检测到接地后送出报警信息。该型号在水电厂的应用环境中表现为，不耐潮湿环境，易受厂用电倒换操作的感应电影响，在 5～7 月特别容易误报警。

消防类设备虽然说有消防行业的 CCCF 认证及电子行业的 CCC 认证，但其实市面上使用的消防产品并不精密，由于其广泛性，价格也较为低廉，没有主机设备上的电气元件那么精密，不具备专业级别的防潮、抗振、防干扰、抗感应电、耐过电压等。因此，当消防类的电气产品应用在潮湿、强感应电的环境时，要自行采取干燥、屏蔽等辅助措施。感温电缆的选用特别要注意多方调研，选用其他水电厂的成功案例。

2. 设备运维经验

由于消防系统遍布全厂，其设计随主体建筑一同设计，消防端子箱基本是嵌于各处的墙体内部，抽水蓄能电站地下厂房本来就潮湿，墙体内就更加潮湿，因此要特别注意蜗壳层、电缆洞内的端子箱防潮处置。主机设备盘柜基本立于地面且自带加热装置，消防端子箱是不会设置加热装置的。

第七章
机组辅助系统

第一节　压缩空气系统故障分析及处理

仙居电站压缩空气系统分为中压气系统和低压气系统，8.0MPa 中压气系统主要用于机组调相压水用气、调速器压力油罐及球阀压力油罐用气，其设备主要包括 5 台 V660M-WM 压缩机、8 个 14m³ 调相压水气罐、1 个 7m³ 平衡气罐、1 个 7m³ 操作气罐等。每台机组配置 2 个调相压水气罐用于机组调相压水用气；4 台机组的调速器与球阀油压装置由操作气罐补气；平衡气罐用于补充各气罐压力和对中压气机进行控制。0.8MPa 低压气系统主要用于中压气机控制用气、机组制动用气及检修用气，其设备主要包括 3 台固定式空气压缩机（微油螺杆式低压空气压缩气机）、1 个 7m³ 制动气罐和 1 个 5m³ 检修气罐等。检修气罐作为设备检修及吹扫用气的气源，制动气罐作为机组机械制动用气的气源。自投产以来，主要发生自动排污阀无法自动排污、安全阀误动、空气压缩机皮带磨损、管路密封垫老化漏气等问题。

案例 7-1　中压气机汽水分离器无法自动排污

一、故障现象

2016 年以来，仙居电站中压气机出口汽水分离器自动排污时，存在电磁阀动作后无法自动关闭内部漏气，电磁阀卡涩不能正常排污等。

二、故障分析

汽水分离器原型号为碳钢形式汽水分离器，金属结构在高压情况下会加快其腐蚀，导致汽水分离器内部运行后大量生锈，排污电磁阀排污口有大量锈蚀，且排污口较小为 0.5mm（见图 7-1-1）。排污时容易导致密封面存在锈渍，使得密封不严和漏气。在自动排污阀自动排污时阀芯卡涩无法正常关闭和排污。

三、采取的措施

更换为新型号 CS 旋风不锈钢汽水分离器及阀芯为 1mm 自动排污电磁阀，同时排污时间设置为 30min 排污 5s，减少汽水分离器内部积水时间较长问题。

四、经验小结

1. 设备本质安全

设计上，高气压设备需考虑其耐腐蚀性，对于精密较小部件可以采用不锈钢材

图 7-1-1 自动排污阀芯锈渍

质，必要时安装后内部金属结构定期进行防腐刷漆。

2. 设备运维经验

安装上，考虑汽水分离器处理气量远大于气机出口排气量，减少内部水汽进入气罐内部，存在加速腐蚀罐体内部结构，同时改变安全阀运行环境。

调试及运维上，对于汽水分离器排污间隔时间，应保证气机启动过程中至少排污一次，降低其储水量，同时排污时间不宜过短，导致系统压力降压过快，导致气机启动频繁。

案例 7-2　低压气机电源故障

一、故障现象

2020 年 6 月 23 日，2 号低压气机控制显示屏报"停机 142 号电源故障"，检查线路无开关跳闸，故障复归后，偶尔能正常启动，偶尔不能正常启动，且启动后立刻跳电源故障停机。

二、故障分析

低压气机启动逻辑：2 号低压气机收到启动令，控制器接收启动令，发出 D02 主接触器启动、D03 星接触器启动，控制 K5 继电器、K6 继电器动作，KM1 主接触器线圈动作、KM3 星接触器动作、KM2 三角接触器分开，10s 后控制器发出 D03 星接触器关闭、K6 继电器断开、KM3 星接触器断开、KM2 三角接触器闭合。此时启动成功，由空载星形连接换为负载三角形连接（见图 7-2-1～图 7-2-3）。

现场故障复现为，2 号低压气机正常启动，启动时星三角转换过程的瞬间出现换相失败，且控制屏重启，无空气开关跳闸现象，复归后能正常启动，该故障为瞬时故障，故障点主要出现在电气回路，检查原因为网管压力传感器抖动会对控制器进行重启，拆出线路与传感器接口，发现其信号线与插口连接处出现松动虚接（见图 7-2-4），且焊接线头出线短。出现该现象在于该传感器在管路出口，空气压缩机由空载转化为负载时，振动变大，导致传感器信号出线短暂断开后恢复，控制器重

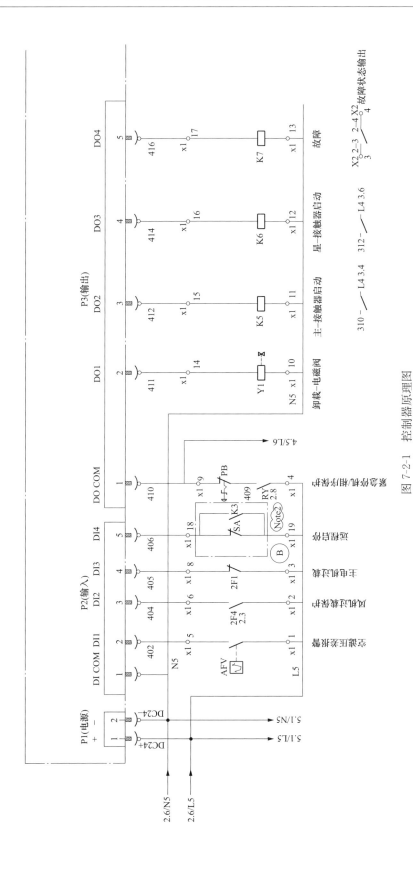

图 7-2-1　控制器原理图

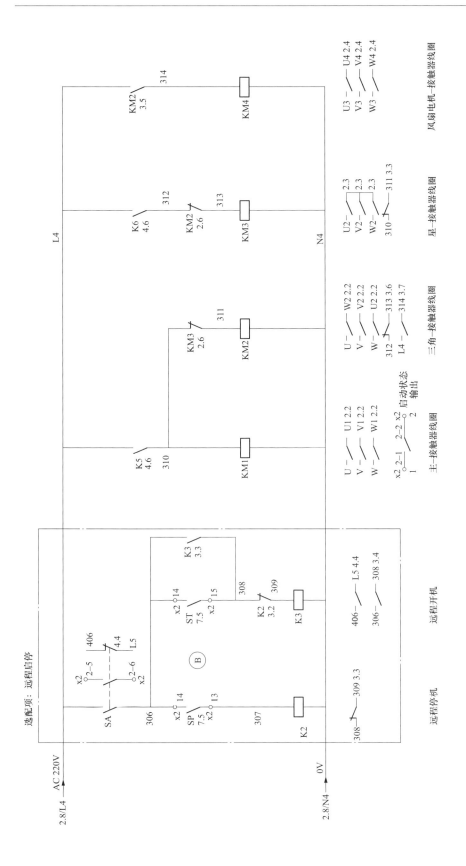

图 7-2-2　接触器原理图

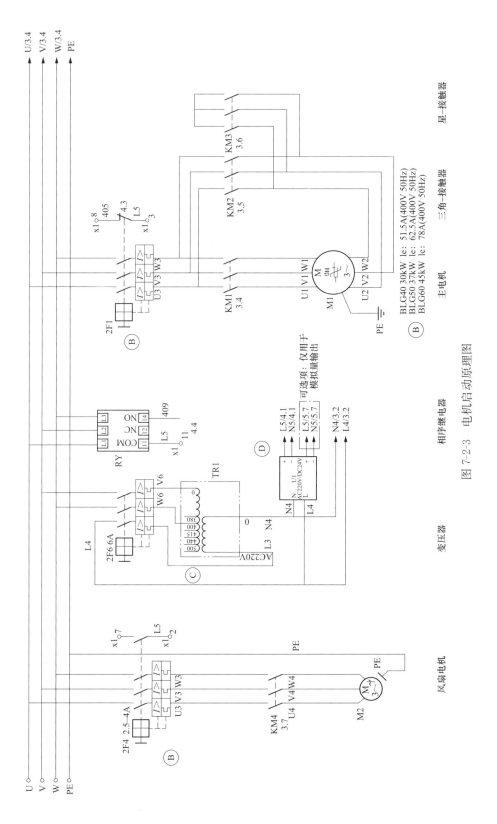

图 7-2-3　电机启动原理图

启，导致 K5 继电器信号丢失，启动失败。

三、采取的措施

将信号线重新拆解，铜线加长连接至接口顶部，焊接固定。外部接口用绝缘胶布连接，线路用绑扎带固定。

四、经验小结

1. 设备本质安全

在设计阶段需考虑将变压器更改为开关电源，或单独一路直流供电电源供至相关传感器，单片机控制逻辑上增设传感器

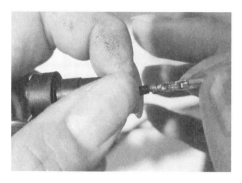

图 7-2-4　接线插口连接线端部虚接

故障报警信息，避免由于传感器虚接导致控制板直接重启，导致低压气机启动无法正常启动，且原因较为隐蔽。

2. 设备运维经验

由于该机型低压气机还有油分桶压力传感器、网管压力传感器、气机出口温度传感器，且都在气机出口处，启动过程中震动较大，日常维护时检查相关线路是否出现虚接。

第二节　通风空调系统故障分析及处理

仙居电站通风空调设备主要功能是为提供人员呼吸所需要的氧气，更新、稀释地下厂房内的混浊空气、气味及污染物等，发生火灾时防止火灾蔓延，除去设备运行产生的余热和余湿，使地下厂房保持适宜的温度和湿度。

通风设备主要包含风机、排烟防火阀等，空调设备主要包含精密空调、防爆空调、除湿机、冷水机组等。自投产以来，主要出现风机轴承损坏、电机传动皮带损坏、风管密封溶解等故障。

案例 7-3　排风机风管密封融化

一、故障现象

2019 年以来，巡检人员发现副厂房公用配电室、副厂房保安配电室、副厂房电缆室排风机风管密封溶解滴液。

二、故障分析

原因为变压器发热导致风管密封融化，风管密封采用 EVA 材质泡棉胶，其熔点为 75℃，在受气压环境影响熔点会降低。风管正处于变压器侧上方，距离 50cm 左右，在长期吸收变压器所产生的热量后导致风管密封融化（见图 7-3-1）。

图 7-3-1　风管密封融化滴液

三、采取的措施

更换丁腈材质密封材料，此材料具有耐腐蚀耐高温等特征。

四、经验小结

1. 设备本质安全

设计上，考虑温度较高设备室风管使用丁腈材质密封，不使用 EVA 材质泡棉胶。

2. 设备运维经验

对于厂房部分通风较弱设备间，需控制设备室温度长年低于 32℃。安装上，通风风管避免在设备柜顶部，防止设备柜凝露时或密封胶融化滴液时，损坏底部控制柜。

第三节　电梯故障分析及处理

仙居电站总共布置了 4 台电梯，其中中控楼、办公楼、副厂房各布置一台客梯，食堂布置一台货梯。中控楼电梯由西子奥的斯电梯有限公司生产、安装，型号为 TKJ1000/1.0JXW，共三层三站三门；办公楼电梯由东芝电梯中国有限公司生产、安装，型号为 TKJ1000/1.0JXW，共四层四站四门；副厂房电梯由巨人通力电梯有限公司生产、安装，型号为 TKJ100/1.6JXW，共七层七站七门；食堂电梯由现代电梯（杭州）有限公司生产、安装，型号为 XDTW100/0.4 ASW，共两层两站两门。

案例 7-4　中控楼电梯故障

一、故障现象

（1）2020 年 12 月 17 日，值守人员发现中控楼电梯楼层显示故障。

（2）2021 年 1 月 19 日，运行人员乘坐电梯时发现电梯在 1 楼无法移动，电梯门可以打开。

二、故障分析

（1）维保人员现场检查电梯显示冲顶故障，仔细检查后发现现场一层限位开关电气触点铁片疲劳断裂。

（2）维保人员现场检查原因为中控楼电梯 1 楼层门位置开关触点氧化，导致实际层门已关闭而未收到该信号，轿厢无法动作。

综上分析：本次缺陷的主要原因为限位开关故障及位置开关触点氧化。

三、采取的措施

（1）第二天取回限位开关备件更换后运行正常。

（2）用砂纸对层门位置开关触点进行打磨，试运行后没有发生异常，缺陷消除。

四、经验小结

1. 设备本质安全

电梯本身接触式位置开关可靠性不足，长期运行疲劳断裂。后续若有可能进行改造。

2. 设备运维经验

（1）维保单位日常维护不到位。维保人员在日常维护过程中，未发现层门门锁电气触点氧化问题，直到故障发生才发现问题，说明维护过程流于形式，未切实执行好维保项目第 28 项"层门门锁电气触点清洁，触点接触良好，接线可靠。"

（2）班组方工作负责人及设备主人未现场工作监护不到位。由于轿厢顶部空间较小且不便站立，工作负责人在维保期间一直站在门外，对实际工作并未监护到位，导致对维保人员项目完成情况无法切实管控。

（3）维保项目对工作内容描述太过笼统，维保项目存在漏洞。年度维保项目第 59 条项目"上、下极限开关工作正常"，无法检测到限位开关本体内部的情况，导致 11 月维保过后，12 月便出现故障的现象。

对以上发生的问题提出以下整改措施：

（1）工作负责人及设备主人在维保过程中全程监护，对确实无法监护到位的内容要求维保人员按项目拍照进行验收。

（2）细化维保内容，对电梯维保项目进行细化，将容易发生故障的部件列入作业指导书，并设置 QCR 单进行验收。

（3）落实管理责任，每次缺陷内容做好记录及原因分析，并与维保单位项目负责人做好沟通，有效杜绝同类型的故障再次发生。

第八章
高压电气设备

仙居电站 500kV GIS，分为地面与地下两部分：地下 GIS 设备主要包括主变压器高压侧隔离开关及接地开关、电压互感器、电流互感器、电缆避雷器及电缆地下厂房侧接地开关等设备；地面 GIS 设备主要包括 500kV 开关、隔离开关、接地开关、电压互感器、电流互感器、快速接地开关等设备。地下 GIS 通过 SF_6/油套管与主变压器 500kV 侧连接，地面 GIS 通过 SF_6/空气套管与出线场电缆连接。生产日期为 2015 年 7 月，投运日期为 2015 年 11 月。

第一节　GIS 设备故障分析及处理

案例 8-1　1 号电缆线避雷器 SA502 B 相存在漏气隐患

一、故障现象

在地下 GIS 设备维护时发现 1 号电缆线避雷器 SA502 B 相 SF_6 密度继电器连接头不牢固。

二、原因分析

在设备安装阶段，SF_6 密度继电器连接头安装质量不可靠。

三、采取的措施

更换 SF_6 密度继电器连接头，缺陷消除。

案例 8-2　仙永线 5054 开关 B 相轻微漏气

一、故障现象

仙永线 5054 开关 B 相气室压力降低。

二、原因分析

固定板与吸附剂盖板之间的密封面或密封圈存在细微划伤，装配完成初始，密封圈的压缩量及外部密封胶保证了设备密封性，车间装配及出厂试验过程中未发现漏气问题。随着设备运行，密封圈长时间承受内外压差，加上环境温度变化，密封圈压缩量可能存在稍许变化或发生微量移动，造成了漏气问题。

三、采取的措施

更换吸附剂盖板，装入新吸附剂，用盘头螺钉紧固吸附剂框，检查盖板密封圈表面无缺陷，密封圈涂抹适量硅脂放入盖板密封槽，封装入断路器盖板。

案例 8-3　1 号主变压器高压侧 GIS 分支气室 A 相漏气

一、故障现象

1 号主变压器高压侧 GIS 分支气室 A 相气室压力降低。

二、原因分析

使用 SF_6 检漏仪现场检测，发现漏气位置为管路接头与筒体阀连接处，现场拆开该连接处发现，由于密封垫局部损坏导致。

三、采取的措施

现场更换该密封垫，并重新进行紧固，经检测无泄漏。

案例 8-4　500kV GIS 4 号主变压器分支气室 B 相漏气

一、故障现象

2019 年 500kV GIS 4 号主变压器分支气室 B 相漏气

2021 年 500kV GIS 4 号主变压器分支气室 B 相漏气

二、原因分析

（1）2019 年漏气消缺，使用 SF_6 检漏仪现场检测，发现漏气位置为三通法兰与 TA 绝缘子之间，该位置的密封面或密封圈存在细微划伤，装配完成初始，密封圈的压缩量及外部密封胶保证了设备密封性，车间装配及出厂试验过程中未发现漏气问题。随着设备运行，密封圈长时间承受内外压差，加上环境温度变化，密封圈压缩量可能存在稍许变化或发生微量移动，造成了漏气异常。

（2）2021 年漏气消缺，使用 SF_6 检漏仪现场检测，发现漏气位置为 SF_6 表计与本体连接无缝钢管存在沙眼。

三、采取的措施

（1）2019 年漏气消缺，采用外部涂胶的方式进行处理（采用特殊密封胶及工艺于绝缘子外部对泄漏点进行封堵）。

（2）2021 年漏气消缺，采用临时措施对漏气点进行封堵。

四、经验小结

1. 设备本质安全

GIS 设备出厂验收一定会通过气密性试验，在现场安装过程中使用的气室连接管路，不一定与 GIS 一同经过气密性试验。因此出现漏气缺陷，很可能是管路质量存在问题，建议制造厂加强连接管路的质量检查。

2. 设备运维管理方面

GIS 漏气缺陷目前总共出现 5 起，基本都是安装时期遗留问题，随着运行时间延长，设备问题逐渐显露。3 条缺陷是由于密封面或密封圈存在细微划伤，导致出现漏气。应在日后 GIS 拆装作业中明确检查标准，认真做好过程监督与质量验收，认真检查 GIS 的密封面或密封圈确保表面无缺陷后再回装。1 条缺陷由于设备安装阶段，安装质量不可靠，存在漏气隐患。在今后设备运维方面应重点做好两点，一是认真仔细分析 SF_6 气室压力变化趋势，提前发现泄漏苗头。二是后续涉及 GIS 拆装作业时，加强 GIS 对接面密封处理工艺监督与质量验收确保表面光滑平整无划伤、变形。

第二节　主变压器故障分析及处理

2020 年 5 月 21 日，仙居电站 2 号主变压器发生内部故障导致 1/2 号主变压器 5052 开关跳闸。

该变压器为山东电力设备有限公司依据常州东芝变压器有限公司设计图纸，自主制造生产的第一台用于抽水蓄能电站的 500kV 主变压器，投运时为国内单机容量最大的抽水蓄能电站主变压器，产品型号为 SSP-480000/500，生产日期为 2014 年 12 月，投运日期为 2016 年 5 月。

案例 8-5　2 号主变压器故障

一、故障现象

2020 年 5 月 21 日 23 时 45 分，经华东网调批准，仙居电站执行 1、2 号主变压器停电后空载合闸操作；23 时 45 分 43 秒，1/2 号主变压器 5052 开关合闸；23 时 45 分 44 秒，1/2 号主变压器 5052 开关跳闸。现场人员听到 2 号主变室内有异响，通过主变压器防火阀发现 2 号主变室内有油雾飘出，2 号主变压器油箱顶部有漏油现象。

2020 年 5 月 21 日 23 时 45 分 44 秒，2 号主变压器电量保护：大差、小差保护动作；非电量保护：重瓦斯、压力释放保护动作，1/2 号主变压器 5052 开关跳闸。

现场检查发现 2 号主变压器差动保护、重瓦斯、压力释放保护均正确动作，故障录波启动。查看波形发现 2 号主变压器高压侧 B 相在合闸后出现约 513A 故障电流（一次侧有效值，如未特别说明，本报告中所指的电压和电流均为一次侧有效值）（高压侧额定电流为 533A），持续约 1.5 个周波后故障电流突升至约 11 000A。0.5 个周波后，低压侧三相电压出现同相位突增，电压明显出现削峰现象（互感器饱和），采样到最大电压值为 80.69kV（低压侧额定电压 18kV）（见图 8-5-1、图 8-5-2）。

保护动作情况：2 号主变压器保护 A/B 柜差动保护，B 柜重瓦斯、压力释放保护动作，跳开主变压器高、低压侧开关。

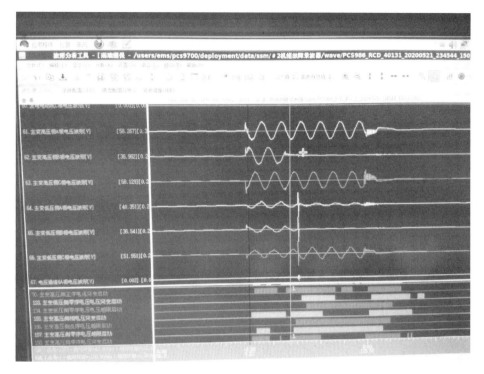

图 8-5-1　故障录波电压波形

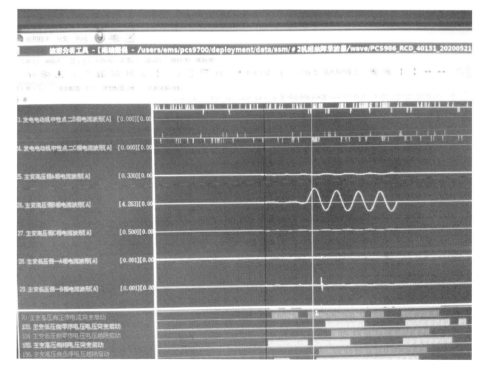

图 8-5-2　故障录波电流波形

现场检查情况：进一步检查 2 号主变压器，发现 2 号主变压器本体重瓦斯、压力释放标识动作，靠 A 相高压套管侧压力释放阀底部有绝缘油喷出痕迹，油箱顶部气体继电器取油管法兰螺栓松脱且有绝缘油溢出痕迹，变压器箱体高低压绕组侧共有 6 处箱体加强筋焊缝开裂（见图 8-5-3）；2 号主变压器低压侧避雷器三相计数器动作，其中 a 相和 c 相计数器动作各 1 次，外观无异常；b 相计数器动作 2 次，b 相外壳脱落，避雷器阀体有放电烧蚀痕迹（见图 8-5-4）。

主变压器高压侧 GIS 套管外观检查无异常，1 号高压电缆线外观检查无异常，1 号电缆线护层过电压保护器三相计数器动作，地面 GIS 外观检查无异常；2 号主变压器低压侧电压互感器外观检查无异常，2 号励磁变压器外观检查无异常，2 号换相隔离开关外观检查无异常，1 号主变压器及高低压侧设备外观检查无异常，3、4 号主变压器本体外观及在线监测装置检查无异常，全厂所有 GIS 气隔 SF_6 压力检查无异常。

图 8-5-3　2 号主变压器箱体加强筋焊缝开裂　　　图 8-5-4　故障损坏的 2 号主变压器
低压侧避雷器 b 相

二次装置检查：检查发现 2 号主变压器差动保护、重瓦斯、压力释放保护均正确动作，故障录波启动并捕捉到故障时电压电流波形。2 号主变压器油色谱装置自动运行正常，故障前各气体指标正常，于 5 月 22 日 0 时 3 分，手动启动 2 号主变压器油色谱取样分析，结果显示油中溶解多项特征气体值发生突变。

油色谱数据分析情况：检查 2 号主变压器送电前油色谱在线监测数据正常，主变压器故障后，油色谱在线监测装置监测到乙炔从 $0 \mu L/L$ 升至 $22.07 \mu L/L$（见图 8-5-5）。

故障发生后，从 2 号主变压器本体中部和下部取油口各取样绝缘油送至检测单位分析，并于 5 月 23 日 0 时 3 分再次启动在线监测装置进行在线分析，离线取样和在线监测结果见表 8-5-1 所述。

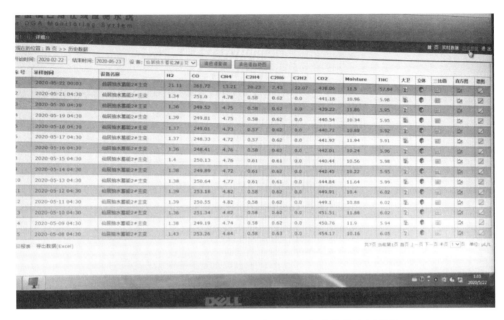

图 8-5-5　故障前、后 2 号主变压器油色谱在线监测数据

表 8-5-1　　　　　　故障后绝缘油色谱离线取样和在线监测记录值　　　　　　μL/L

数据类型特征气体	中部油样（离线）	底部油样（离线）	在线监测
取样/检测时间	5 月 22 日 8：00	5 月 22 日 8：00	5 月 23 日 00：03
氢气	682.64	830.90	823.35
甲烷	423.28	485.68	379.61
乙烷	57.56	63.70	69.17
乙烯	637.03	707.76	766.81
乙炔	659.76	739.57	762.33
一氧化碳	402.46	423.80	326.65
二氧化碳	595.96	632.60	416.82
总烃	1777.63	1998.71	1977.92

根据《变压器油中溶解气体分析和判断导则》（GB/T 7252）三比值法对以上特征气体进行分析，特征代码为 1-0-2，对应故障类型为电弧放电。

故障后诊断试验：2 号主变压器故障后，对 2 号主变压器开展变比、直流电阻、绕组电容量、低电流阻抗、低电压空载等测试。结果显示高压侧 B 相直流电阻明显变大、短路阻抗变小、变比偏差增大、介损值明显变大，其他参数无明显变化，见表 8-5-2～表 8-5-5。

表 8-5-2   2 号主变压器故障后绕组直流电阻测量

绕组	挡位	相别	实测值（Ω）（上层油温 22℃）	初值（Ω）（$t=25$℃）	换算至初值温度（Ω）	与初值误差（%）	三相误差（%）
高压侧换算值	3	试验标准	—	—	—	绝对值≤2	≤2
		A-X	0.493 95	0.499 5	0.499 7	0.04	
		B-Y	0.719 05	0.500 5	0.727 4	45.3	45.87
		C-Z	0.492 95	0.500 5	0.498 7	−0.36	

表 8-5-3   2 号主变压器故障后低电压短路阻抗测试

挡位	测试位置	试验电压（V）	试验电流（A）	实测阻抗（Ω）	实测短路阻抗（%）	初值短路阻抗（%）	与初值误差（%）	三相误差（%）
试验标准	—						绝对值≤1.6	≤2
HV—LV	A-B	224.34	1.188 4	188.775	16.802	16.80	−0.012	—
	B-C	224.36	1.188 7	188.744				
	C-A	224.37	1.178 4	190.402				
换算值	A-O	—	—	95.212	16.901	16.923	−0.13	1.75
	B-O	—	—	93.556	16.607	16.893	−1.69	
	C-O	—	—	95.188	16.897	16.842	0.33	

表 8-5-4   2 号主变压器故障后变比检查

项目\挡位	额定变比	实测变比误差（%）					
	测试位置	AB/ab		BC/bc		AC/ac	
高压侧置 3 挡	HV/LV	实测值	初值	实测值	初值	实测值	初值
	28.889	0.07	−0.02	0.45	−0.02	0.07	−0.02
试验标准	初值差不超过±0.5%						

表 8-5-5   2 号主变压器故障后电容量及介损测量

项目\挡位	实测值 C_x(pF)	初值 C_x(pF)	电容量误差（%）	实测值 $\tan\delta$（%）	换算至初值温度 $\tan\delta$（%）	初值 $\tan\delta$（%）	$\tan\delta$ 误差（%）
试验标准	—	—	无明显差异	≤0.5	—	—	≤30
HV-LV，E	15 150	15 220	−0.46	1.434	1.511	0.138	1095
LV-HV，E	28 960	29 420	−1.56	0.949	1.000	0.333	300.3
HV，LV-E	29 670	30 660	−3.23	0.273	0.288	0.347	−17.00
上层油温：$t=22$℃				初值温度：$t=25$℃			

　　根据试验情况初步判断 2 号主变压器高压绕组内部存在断股和匝间短路现象。

　　变压器进人孔检查：打开主变压器进人孔，用内窥镜检查发现 2 号主变压器 B 相高压绕组低压侧靠近 A 相线饼局部受损严重，围屏倾斜，碳化的纸屑脱落，垫块移位及脱落（见图 8-5-6），通过内窥镜及人孔检查，未发现绕组及对地放电痕迹。

二、故障分析

根据主变压器外观、内视、保护动作及故障录波现象初步分析认为：本次故障为突发性故障，可能原因为高压绕组存在缺陷，冲击合闸后发生饼间和匝间短路，约 43ms 后出现高压绕组对低压绕组放电，导致故障电流剧增、变压器内部 B 相绕组严重损坏；同时低压绕组电压抬升，进一步造成 b 相避雷器损毁。

图 8-5-6　2 号主变压器 B 相高压绕组受损情况
（从主变压器低压升高座往变压器底部拍摄）

6 月 2 日，2 号主变压器本体运送至制造厂内，拆除变压器箱体并经脱油处置后，6 月 10～11 日，现场对三相绕组进行解体检查，解体检查主要发现如下情况：

（1）变压器箱体内未见电弧烧蚀点，变压器上铁轭硅钢片尾匝硅钢片变形，上铁轭及压板未见明显整体变形。

（2）B 相高压绕组高低压侧围屏破损，绕组上端绝缘压板破裂（见图 8-5-7），顶部高压绕组向内翻折并覆盖在低压绕组上端（见图 8-5-8），A、C 相绕组及围屏外观检查未见明显异常。

图 8-5-7　B 相绕组上部绝缘撑板破裂

图 8-5-8　B 相绕组顶部高压绕组向内翻折
并覆盖在低压绕组上端

（3）B 相低压绕组与高压绕组间绝缘围屏出现明显的电弧击穿通道（见图 8-5-9），放电通道附近未见其他异物。

（4）高压绕组内层线圈第 5 根撑条至第 15 根撑条范围内，第 1～2 饼线圈翻折变形为"麻花形"，绕组向铁芯方向突出最高接近 60mm（见图 8-5-10），对应部位的绝缘纸板向铁芯侧凹陷，高压线圈外侧多处屏线有故障电流流经的痕迹（见图 8-5-11），低压线圈面向高压线圈侧第 9 根条处，导线的绝缘和铜线烧蚀（见图 8-5-12），低压线圈顶部和底部未见明显异常。

图 8-5-9 B 相低压绕组围屏放电通道

图 8-5-10 B 相高压绕组内层线圈绕组翻折变形

图 8-5-11 B 相高压线圈外侧绕组屏线变形

图 8-5-12 B 相低压线圈导线绝缘和铜线烧蚀

故障波形与现场实际情况对比分析

（1）如图 8-5-13 所示，5052 开关合闸初期，与 A、C 相励磁涌流波形明显不同，B 相电流发生缺半波畸变，电流幅值大于 A、C 相励磁涌流波形，为典型的饼间和匝间短路的波形。此时对应设备状况为：2 号主变压器 B 相高压绕组的 500kV 进线上半部首端第 1、2 饼内部，在 5052 开关空载合闸过程中发生饼间和匝间短路。

（2）饼间和匝间短路经过约 1.5 个周波后，短路电流突然增大至约 11 000A，同时 B 相高压侧电压突降。此时对应的设备状况为：高压绕组内层线圈第 5 根撑条至第 15 根撑条范围内，饼间和匝间短路的线圈发生严重扭曲变形，变形部分的高压绕组向内挤压，损坏高低压绕组之间的主绝缘，造成高压绕组对低压绕组击穿放

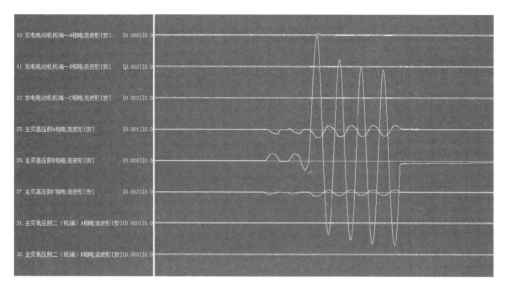

图 8-5-13 5052 开关空载合闸过程中主变压器高压侧电流波形

电,导致故障电流迅速升高。

如图 8-5-14 所示,B 相高压侧电压突降,对应电流突升约 0.5 周波后,低压侧三相电压出现同相位剧增,对应设备状况为:变压器高压侧电压窜入低压侧,通过低压侧避雷器接地形成电流通道并造成主变压器低压侧 B 相避雷器损坏。

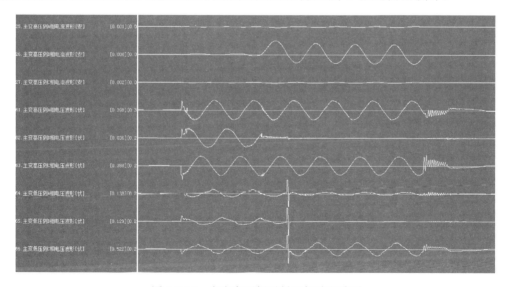

图 8-5-14 主变高压侧对低压侧放电波形

故障过程分析:故障起始于高压线圈 500kV 上部首端的饼间或匝间,该处为变压器高压线圈受外部分、合闸冲击等场强最为集中区域,由饼间或匝间先发生短路,在短路环内产生较大的短路电流,该短路电流在漏磁场的作用下使得线匝受到较大的向内电动力,该电动力造成线圈局部弯曲变形,由于局部变形严重,使得高压线圈局部电场更为集中，同时高压线圈与低压线圈的主绝缘围屏被挤破导致绝缘强度降低，局部的集中电场进一步发展为高压线圈对低压线圈的击穿放电，此时 B 相高低压线圈对地的短路电流迅速上升至约 11 000A，巨大的电弧电流使绝缘油快速分解形成大量气体，导致变压器差动保护、本体压力释放、重瓦斯保护等动作。

因电弧放电而快速膨胀的气体以及电动力的作用下，造成线圈发生位移和旋转。放电电流在端部形成巨大的轴向电动力，造成线圈端部线饼翻折及绝缘件的坍塌和位移。端部线饼的倒塌和损坏造成更多的线饼局部短路和变形。本次故障最终的接地点为低压侧避雷器，因而在变压器内部未造成直接接地，电弧放电部位被绝缘油包裹覆盖，故而未引起变压器箱体着火。

三、采取的措施

（1）制造厂应尽快提供造成潜在性缺陷的具体原因，提出 2 号主变压器修复方案并做好修复工作。

（2）为进一步分析造成潜在性缺陷，请制造厂开展相关研究并将结果提交至专家组，包括但不限于：计算故障短路匝间短路电流，对每匝电流走向开展深入分析；冲击合闸条件下变压器线圈电场分布及绝缘裕度分析；提交抗短路校核参数至研究院开展变压器抗短路能力分析；顶部垫块移位原因及分析；现有抽水蓄能变压器产品与传统 500kV 产品结构区别。

（3）2 号主变压器修复方案需组织专家论证，建议参照 DL/T 272《220kV～750kV 油浸式电力变压器使用技术条件》中针对地下变电站的要求，提高纵绝缘强度考核水平（提高雷电冲击电压全波、截波和操作过电压考核水平），相应的变压器损耗变化由制造厂与电站共同确认。

（4）制造厂对在运的其他 3 台主变压器进行安全评估，提供在运变压器的运维建议及相关绝缘性能验证方案。

（5）电站加强在运 3 台主变压器油色谱在线监测装置运维管理，加强在线数据变化趋势分析；加密在运 3 台主变压器离线油样检测，每月进行 1 次离线取油样化验分析，后续根据趋势变化及时调整检测频次。

（6）电站进一步研究 GIS 断路器冲击合闸过程中是否存在 VFTO 或其他过电压冲击情况。

四、经验小结

1. 设备本质安全

2 号变压器抗分、合闸冲击能力不足，主变压器设备选型等对操作冲击的抵御能力较弱。

2. 设备运维经验

加强在运主变压器油色谱在线监测装置运维管理，加强在线数据变化趋势分析，严格按照运检规程及厂家使用说明书要求开展主变压器检修和预防性试验工作。

第九章
母线及启动母线

母线及启动母线设备包括发电电动机出口至主变压器低压侧的所有设备，包括离相封闭母线、机组出口开关、换相隔离开关、电气制动隔离开关、拖动隔离开关、被拖动隔离开关及启动母线隔离开关、避雷器、电压互感器、电流互感器、母线干燥装置、电抗器及相关附属设备。

案例 9-1　微机消谐装置故障

一、故障现象

2019 年 11 月 28 日 15 时 17 分 45 秒，3 号机组发电稳态过程中，监控系统报"3 号机组 B 套保护 985GW—定子三次谐波电压差动信号（定子三次谐波电压差动判据：$|U_{3T}-K_t \times U_{3N}| > K_{re} \times U_{3N}$，式中 U_{3T} 为机端三次谐波、U_{3N} 为中性点三次谐波、K_t 为自动跟踪调整系数向量，K_{re} 为三次谐波差动比率定值，三次谐波电压差动判据动作于信号）"，现场检查机组保护 B 柜发现确实有相应报警且装置采样显示机端零序电压为 0V、机端三次谐波为 0.84V、中性点三次谐波为 4.32V，三次谐波差电压为 3.13V（定值 0.5V，延时 5s 报警），正常情况下机端三次谐波在 3.5V 左右，三次谐波差电压为 0V。机组 A 组保护显示定子绝缘测量电阻一次值降低至 13kΩ 左右（注入式定子接地，5kΩ 延时 2s 报警，1kΩ 延时 0.5s 跳闸），其他电压电流采样无异常。检查 3 号机组母线洞设备，发现机端电压互感器柜微机消谐装置死机（装置液晶面板点亮但无显示，按钮操作无反应）。

二、原因分析

微机消谐装置并接于 3 号机组 3 号电压互感器开口三角两端（见图 9-1-1），其原理（见图 9-1-2）是当开口三角电压大于定值时（基波为 30V，三次谐波为 120V），对电压数据进行采集，通过分析判断故障类型，如果是某种频率的铁磁谐振（17～150Hz 之间），立即启动消谐回路，触发图 9-1-3 中晶闸管 K 极（晶闸管型号：BTA41-800B 双向晶闸管），使并联在开口三角两端的晶闸管导通，在晶闸管导通情况下，整个消谐装置呈现低阻态，使开口三角近似短路，让铁磁谐振迅速消失，此时开口三角两端电压近似等于晶闸管导通压降。每次检测到谐振时，启动 3 次消谐，每次持续 50ms，间隔 200ms，如果消谐不成功则不再动作，只有当开口三角电压消失后又重新满足条件时才会再次动作。

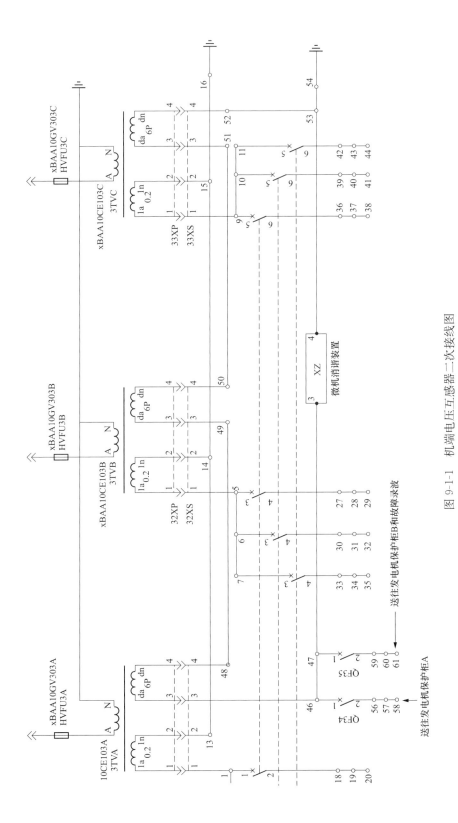

图 9-1-1 机端电压互感器二次接线图

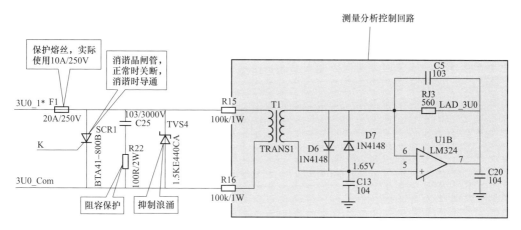

图 9-1-2　微机消谐装置内部原理图

对晶闸管进行压降检测（检测回路见图 9-1-3），测量结果见表 9-1-1。

图 9-1-3　晶闸管压降检测回路

表 9-1-1　　　　　　　　　晶闸管导通压降测量结果　　　　　　　　　V

调压器输出电压	晶闸管导通压降
26.1	0.48
11.1	0.51
3.6	0.61

可见随着调节器的输出电压的降低，晶闸管导通压降呈现升高趋势，当输出电压为 3.6V（即开口三角正常三次谐波分量），晶闸管导通压降为 0.61V。当微机消谐装置异常死机晶闸管导通时，开口三角三次谐波分量进一步降低，根据趋势可知晶闸管导通压降会进一步升高，与保护装置和故障录波装置测得的 0.84V 相近。

另外，在开口三角近似短路接地期间，机端 3 号电压互感器 A/B/C 三相二次侧绕圈均近似短接接地，感应至一次侧，使电压互感器一次侧呈现高阻接地，与 A 组注入式定子接地保护所测得的接地阻抗约为 13kΩ 相符。

根据上述综合分析，推断微机消谐装置因某种原因死机，程序紊乱，误发启动消谐信号导致晶闸管导通，使 3 号电压互感器二次侧开口三角近似短路，送往保护和故障录波的三次谐波电压明显降低，并使电压互感器一次侧呈现高阻接地，最终导致保护 A 柜测得定子绝缘下降，保护 B 柜测得机端三次谐波电压与中性点三次谐波电压差值过大报警。

三、采取的措施

故障后将微机消谐装置重启后检查正常，3 号机组发电空载和抽水调相启动试验均无异常。查询交接试验报告，发现机端电压互感器和主变压器低压侧电压互感器饱和特性符合相关国网公司十八项反措要求，可不安装微机消谐装置，结合厂家和设计院意见，采取异动措施将机端电压互感器和主变压器低压侧电压互感器微机消谐装置退出运行。

四、经验小结

（1）微机消谐装置是为了防止电磁式电压互感器饱和产生的铁磁谐振过电压设置的，当采用的电压互感器励磁特性饱和点较高，满足相关规程规范要求的，设备实际运行过程中未出现过谐振现象的，可不配置微机消谐装置。

（2）微机消谐装置不参与机组控制与报警，但与机组保护装置采样点接在同一端子上，装置故障可能导致保护装置采样异常甚至误动作，针对此种情况，此类装置设置时应避开保护装置采样回路，避免造成保护装置误动作。

案例 9-2　机组发电停机过程中电气制动隔离开关本体未合闸到位

一、故障现象

2020 年 1 月 21 日 22:23:28，2 号机组停机过程中监控报出"励磁选择电制动模式失败，不投电制动"，现场检查发现电气制动隔离开关本体未合闸到位。检查监控画面发现 2 号机组电气制动隔离开关在不定态，电气制动隔离开关"合位"及"合到位"信号均未送出。检查电气制动隔离开关本体，发现电气制动隔离开关动触头和静触头已接触并插入约三分之二距离，触头未完全闭合，隔离开关本体传动杆未完全转动到位（离目标角度差 5° 左右）（见图 9-2-1），机械位置开关未动作，红外位置监视未动作。3 月 1 日中午，2 号机组电气制动隔离开关再次出现本体合闸不到位的情况，现象与 1 月 21 日一致。

二、原因分析

检查传动机构连杆及连接片部位，发现 2 号机组电气制动隔离开关在分闸状态下传动连杆与其他三台机组相比未处于水平位置，呈斜向上趋势，而其他三台机组电气制动隔离开关传动连杆处于水平位置。同时发现连杆靠隔离开关本体侧三角形连接块（作用是固定在隔离开关本体转动轴上带动隔离开关本体转动，见图 9-2-2 和图 9-2-3）上连接口有磨损痕迹，机构箱和地面有磨损的金属碎屑。进一步对传动机构三角形连接块连接口进行检查，发现其边缘与其他连杆接触处有毛刺（见图 9-2-4），用一字螺丝刀挑出连接口处原先涂抹的黄油，发现黄油内部

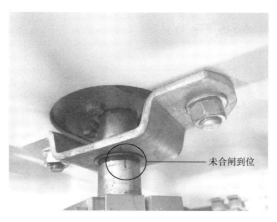

图 9-2-1　电气制动隔离开关未合闸到位

也存在少量金属碎屑，判断三角形连接块连接口处已出现一定程度磨损现象。根据弧长公式 $l=n\pi R/180$，在电机转动行程 l 不变，R 因磨损变大情况，机构的转动角度 n 会变小，最终导致隔离开关本体转动不到位。3月1日再次出现合闸不到位现象，经与厂家分析讨论，判断原因为上次调节三角形连接块长度时缩短的长度不足所致。

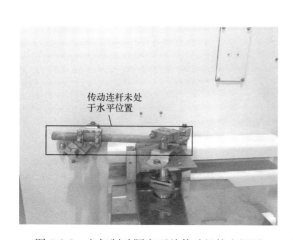

图 9-2-2　电气制动隔离开关传动机构主视图

图 9-2-3　电气制动隔离开关传动机构俯视图

三、采取的措施

调节行程螺栓，重新校正行程，使隔离开关转动到位。根据弧长公式 $l=n\pi R/180$，为使隔离开关合闸到位，机构转动角度 n 需保持不变，在行程 l 不变情况下采取缩短 R 长度方法（因磨损导致 R 变长），即缩短三角形连接块行程螺栓长度使连杆在合闸过程中有效行程增大，直至恢复至原有有效行程，使机构转

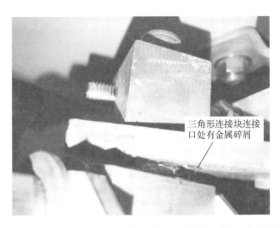

图 9-2-4 电气制动隔离开关三角形连接块连接口磨损情况

动到位。第一次出现合闸不到位情况后调节了行程螺栓 1 个螺纹的长度（见图 9-2-5、图 9-2-6），紧固后进行分合闸试验，隔离开关本体均合闸到位。第二次出现合闸不到位情况后，根据现场情况判断为第一次调节行程螺栓长度不够，此次在连杆另一侧再次调节了 2 个螺纹的长度，紧固后进行分合闸试验，隔离开关本体均合闸到位。

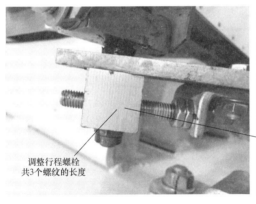

图 9-2-5 电气制动隔离开关行程螺栓调节　图 9-2-6 电气制动隔离开关行程螺栓调节部位

四、经验小结

（1）隔离开关、开关设备传动机构易磨损部位应定期进行检查维护，避免因部件磨损造成动作不到位的情况。

（2）对隔离开关、开关设备传动机构部分部位易磨损且无法有效处理的，可以考虑采用耐磨材料或者变更连接结构，达到减少设备损坏、增加设备寿命的目的。

案例 9-3　2 号厂用变压器电抗器故障

一、故障现象

2020 年 11 月 19 日 05：54：36，4 号主变压器在空载运行时因差动保护跳闸，现场检查发现 2 号厂用变压器电抗器（见图 9-3-1）和 2 号厂用变压器开关本体有不同程度的损坏（见图 9-3-2），电抗器室有爆炸痕迹。

图 9-3-1　电抗器损坏情况

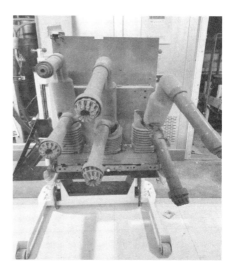

图 9-3-2　开关三相极柱损坏情况

二、原因分析

经现场对 2 号厂用变压器电抗器及 2 号厂用变压器开关检查发现，2 号厂用变压器电抗器三相本体已完全损坏（见图 9-3-1），2 号厂用变压器开关本体三相极柱防护罩开裂（见图 9-3-2），A 相极柱绝缘拉杆烧熔（见图 9-3-3），开关柜至相邻 TA 柜 B、C 相铜排下端有局部损坏放电痕迹，其固定绝缘套管表面有爬电痕迹，损坏点均位于绝缘套管内部与铜排支撑连接处（见图 9-3-4～图 9-3-7），开关柜本体有变形现象，拆除开关柜后检查柜底电缆沟干燥无异常（见图 9-3-8），2 号厂用变压器及高压侧电缆等设备未见异常。

图 9-3-3　A 相极柱绝缘拉杆损坏情况

图 9-3-4　B、C 相铜排及套管损坏情况

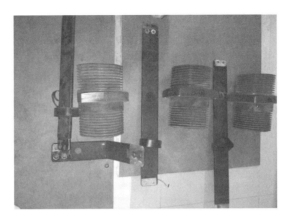

图 9-3-5　连接铜排与套管相对位置

图 9-3-6　B 相铜排损坏点

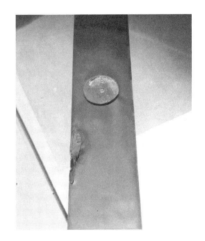

图 9-3-7　C 相铜排损坏点

图 9-3-8　开关柜及电缆沟情况

　　对继电保护信息分析情况检查发现，2 号厂用变压器差动保护动作，厂用变压器过流 I 段保护动作，4 号主变压器 A 组和 B 组差动保护动作，动作时序（见图 9-3-9），主变压器保护配置（见图 9-3-10）。

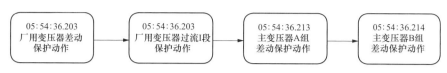

图 9-3-9　保护动作时序图

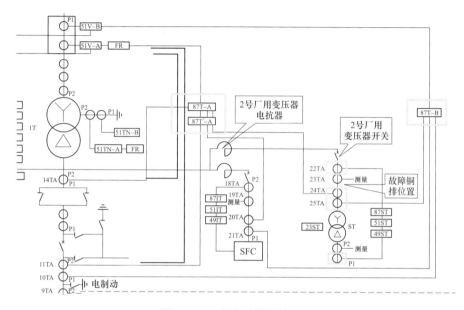

图 9-3-10　主变压器保护配置

保护动作具体信息如下：

（1）2 号厂用变压器保护装置波形分析：从 2 号厂用变压器保护故障电流波形（I1A、I1B、I1C）看，故障初始第一个半波，厂用变压器高压侧 B、C 相电流等大反向，半个周波后，A 相开始出现短路电流，第一个峰值一次为 24 750A，从第四个半波（约为 05：54：36.233）开始电流出现削峰情况（见图 9-3-11），采集到的二次最大峰值电流为 58.5A，折算至一次侧最大电流为 73 125A，核查削峰时段主变压器高压 TA 侧采集到最大电流一次值为 79 700A。故障电流开始时间为 05：54：36.203，保护启动时间为 05：54：36.203，差动速断动作时间为 05：54：36.218，过流Ⅰ段动作时间为 05：54：36.229，开关切断故障电流为 05：54：36.262，开始故障到 2 号厂用变压器开关跳开，故障电流持续 59ms。

（2）4 号主变压器保护装置波形分析：从主变压器高压侧故障电流波形看，故障发生第一个半波 A、B 相电流大小相等方向相同，A、B 相与 C 相方向相反且幅值存在 2 倍关系（见图 9-3-12）。主变压器接线为 Y/△-11 点接线方式，反映到主变压器低压侧为 b、c 两相故障导致。从第三个半波开始电流突增，第五个半波主变压器高压侧电流一次电流达到最大值为 2760A，折算至主变压器低压侧为 79 700A。主变压器差动启动时间为 05：54：36.213，动作时间为 05：54：36.254，切断电流时间为 05：54：36.311。

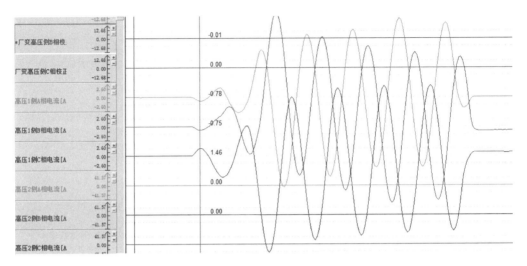

图 9-3-11 2 号厂用变压器保护波形

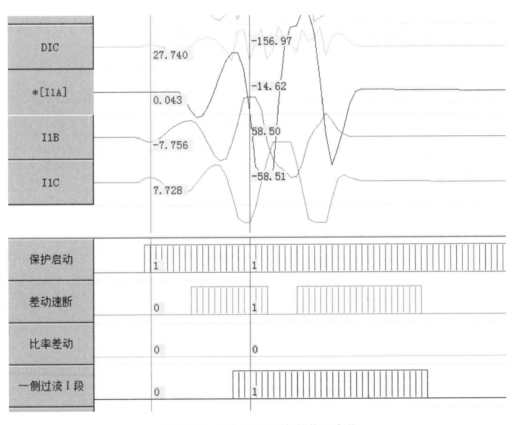

图 9-3-12 4 号主变压器保护装置波形

（3）故障录波电压波形分析：从电压波形看，故障电流出现约 2ms 后（即 36.205s）主变压器低压侧电压（即 2 号厂用变压器高压侧电压）出现波动并出现较大零序电压（二次有效值 $3U_0$ 约为 40V），持续约 3 个周波后衰减至接近 0V，此时主变压器低压侧相电压二次有效值均衰减至约 52V（正常约 57.6V），说明故障初期存在接地情况（见图 9-3-13）。

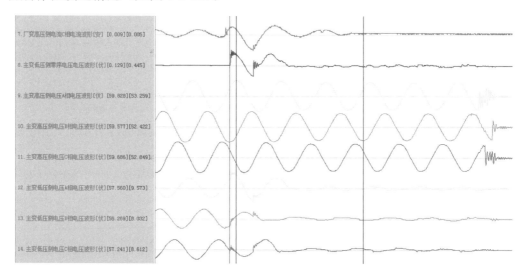

图 9-3-13　故障录波电压波形

（4）保护动作行为分析：故障电流 36.203s 出现，36.213s 主变压器差动保护启动，36.254s 保护出口跳闸（36.213s 至 36.254s 时间差 41ms，虽然保护启动，但是动作出口条件不满足，主要是因为从主变压器保护启动 36.213s 开始到 36.245s 期间故障电流二次谐波大于 15％闭锁比率差动，到 36.245s 二次谐波小于 15％条件满足解除闭锁），出口后经过地下厂房 FOX-41B 装置大功率重动继电器、光耦，36.281s 地下 FOX41-B 收到主变压器保护跳闸令，通过光纤送至地面 FOX41-B，36.282s 地面 FOX41-B 装置收到地下装置令，立即将光信号转换为电信号，并经第二个大功率重动继电器出口，最后送至 5053 开关分闸线圈（断路器动作时间 19ms 左右，2017 年测量的 5053 开关分闸时间）全过程 118ms。

综上所述，从 2 号厂用变压器保护装置、4 号主变压器保护装置，4 号故障录波装置波形上看，保护在规定时间内启动并出口跳开相应开关，时序和动作行为均正确。

相关设备检查情况：故障发生后，对 2 号厂用变压器电抗器、2 号厂用变压器开关等关联回路设备进行检查，情况如下：

（1）对 4 号主变压器进行在线和离线油色谱分析，各项数据无明显变化，未发现异常。

（2）对 4 号主变压器开展绕组连同套管绝缘电阻吸收比极化指数、绕组直流电阻、绕组连同套管介损、绕组直流泄漏电流、额定分接电压比、二次回路绝缘、套管末屏绝缘、套管介损、绕组变形（阻抗法和频响法）、低电压空载测试、局部放电试验，均无异常。

（3）对 4 号主变压器低压侧设备（励磁变压器、电压互感器、电容等）进行外观检查和预防性试验，未发现异常。对 SFC 4 号机组侧输入电抗器进行直阻、绝缘、交流耐压试验无异常。对 4 号主变压器低压侧母线绝缘和耐压试验正常。

（4）2 号厂用变压器高压侧 TA、2 号厂用变压器及其连接电缆等试验无异常。

（5）2 号厂用变压器保护柜外观检查无异常，装置运行正常。

（6）4 号主变压器低压侧母线支柱绝缘子、分支母线隔离开关 IPI02 检查无异常。

（7）地下 GIS 外观检查无异常，开展回路电阻测试和 SF_6 气体检漏测试无异常。

（8）经排查，除 2 号厂用变压器开关、2 号厂用变压器电抗器故障外，其余关联设备均无异常，排除 2 号厂用变压器及高压侧电缆故障可能。

（9）从一次设备故障情况和保护动作情况分析，故障原因是 2 号厂用变压器开关柜与 TA 柜间 B、C 两相铜排与套管绝缘子支撑部分绝缘层存在损伤，绝缘热缩套破皮，导致相间短路引发此次故障。

三、采取的措施

拆除故障开关和电抗器，更换 2 号厂用变压器开关和 2 号厂用变压器电抗器，开关及电抗器形式试验合格、抗短路能力符合要求，交接试验数据均合格，新设备已于 12 月 4 号投运。

四、经验小结

（1）电抗器应选用抗短路能力符合要求、形式试验合格的，当所在回路发生短路故障时能起到抑制短路电流，防止事故扩大的作用。

（2）电抗器发生短路故障时，短路电流急剧上升，电抗器无法限制短路电流时，易发生爆炸，因此在安装电抗器时应将电抗器布置在独立的房间内，房间与外部通道设立墙体隔离，如无法布置在独立的房间内，应设置防爆隔离墙与其他设备有效隔离，防止电抗器在故障时爆炸对其他设备、人员造成伤害。

（3）应结合设备停电检修计划，开展厂用变压器及 SFC 限流电抗器检查及试验，重点检查电抗器外观有无异常变形、开裂或其他异常现象，并比对电抗器电抗值有无异常变化。

案例 9-4　2 号厂用变压器电抗器 C 相电缆头表面存在烧蚀痕迹

一、故障现象

2 号厂用变压器电抗器停电期间，对 2 号厂用变压器电抗器电缆（型号为上海浦东电线电缆集团生产 GJ-AC-WDZA-26/35kV-YJY63，WDZA 低烟无卤阻燃 a 类，YJY63 交联聚乙烯绝缘聚乙烯护套非磁性钢带铠装电缆）电缆头进行检查，发现 C 相电缆头冷缩套和电缆头金属铠装层接触处有烧蚀情况，冷缩套表面已出现破损，并带有黑色灼烧颗粒（见图 9-4-1）。

二、原因分析

根据现场情况，初步判断是电缆头内部烧灼导致冷缩套烧蚀。将电缆头剖开，检查发现电缆头铜屏蔽层与包带及隔离套之间存在放电灼烧现象，放电位置处于包带及隔离套边缘处（见图 9-4-2）。

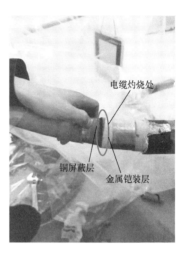

图 9-4-1 电缆头外部烧蚀情况   图 9-4-2 电缆头内部烧蚀情况

对电缆灼烧处进行处理打磨，发现灼烧部分仅处于铜屏蔽层与包带及隔离套接触边缘处，电缆内部并未出现损伤（见图 9-4-3）。

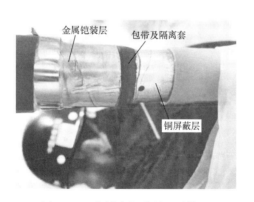

图 9-4-3 电缆头初步处理后情况

电缆头故障点处位于电缆内部铜屏蔽层和包带及隔离套边缘接触之间（见图 9-4-4），该处绝缘材料存在放电灼烧现象，检查发现该电缆头外层金属铠装层已接地，而铜屏蔽层未接地。根据以上现象，分析判断原因为当电缆中有交变电流通过时，由于电磁感应原理，铜屏蔽层上积聚电荷，而铜屏蔽层未接地，积聚的电荷无法释放，产生感应电压，当感应电压达到一定强度时，就会对包带及隔离套放电，产生电弧灼烧现象。

三、采取的措施

剥开电缆头烧蚀部位，对烧蚀部位进行清理并倒角打磨，将包带及隔离套处理成一个坡口，去除边缘凸出及毛刺部分，使之与铜屏蔽层之间过渡更加平滑，接触更加紧实（见图 9-4-5）。

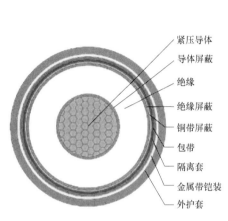

紧压导体
导体屏蔽
绝缘
绝缘屏蔽
铜带屏蔽
包带
隔离套
金属带铠装
外护套

图 9-4-4　电缆结构图

图 9-4-5　烧蚀部位进行清理打磨

在铜屏蔽层上单独加装一个接地线，该接地线与原金属铠装层接地线不接触，两者分开接地（见图 9-4-6）。

完成以上处理后，将电缆头剥开部位重新填充填充料，并用 35kV 高压绝缘带（J30 防水绝缘自粘带）缠绕包裹，外层再用相色带包裹严实（见图 9-4-7 和图 9-4-8）。

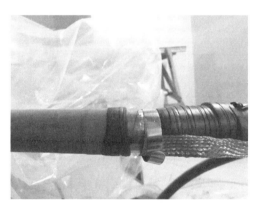

图 9-4-6　铜屏蔽层加装接地线

图 9-4-7　电缆填充填充料

由于 2 号厂用变压器开关到 2 号厂用变压器电抗器之间电缆长度较短，为防止电缆在运行过程中两端接地产生环流造成电缆发热，拆除 2 号厂用变压器开关侧电缆头金属铠装层接地线（见图 9-4-9）。

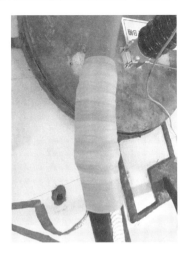

图 9-4-8　处理后情况

图 9-4-9　2 号厂用变压器开关
侧电缆头接地线拆除

因 2 号厂用变压器开关到 2 号厂用变压器电抗器之间三相电缆型号相同，且电缆头采用了相同的工艺制作，因此对 A、B、C 三相按照以上方式进行了相同的处理。

四、经验小结

（1）高压电缆敷设时要将铜屏蔽层和金属铠装层分开单独接地，防止两层之间产生电压差导致放电。

（2）对距离较短的电缆，铜屏蔽层和金属铠装层应分别有且只有一个接地点，多点接地时会构成回路，当有感应电流流过时会造成电缆发热，影响电缆运行。

第十章

厂用电系统（含照明等）

仙居电站厂用高压变压器由许继电气股份有限公司制造，设备型号 SCB10-18±3×2.5%/10.5，额定容量 6300kVA，连接组别 Dyn11，额定电压 18±3×2.5%/10.5kV。

厂用变压器开关由厦门 ABB 开关有限公司制造，开关柜型号 UniGear ZS1，开关型号 VD4，额定电压 18kV，额定电流 1250A，额定短时耐受电流及持续时间 25kA、3s，额定峰值耐受电流 63kA。

柴油发电机是固定式全自动应急备用发电设备，全厂有三台柴油发电机，为 320kW 柴油发电机、1000kW 柴油发电机、200kW 柴油发电机，分别放置于上库柴油机房和下库柴油机房、下库泄放洞洞口。

案例 10-1　技术供水泵电源开关触指过热烧熔

一、故障现象

4 号机组定检对自用盘大负荷抽屉开关进行排查时发现：4 号机组 1 号技术供水泵电源开关 4BFA03GS007 触头烧灼，塑料部分融化。

二、故障分析

4 号机组 1 号技术供水泵电源开关抽屉开关 B 相动静触头接触不良，导致导电面积减少，加之技术供水泵启动时电流过大，导致接触面发热烧损。

三、采取的措施

4 号机组自用盘大负荷抽屉开关排查时发现 4 号机组 1 号技术供水泵电源开关 B 相触头烧灼严重，进一步检查发现该抽屉开关 B 相动静触头接触不良，导致导电面积减少，接触面发热烧损，将该烧损动静触头拆除，更换新的备件触头，开关分合正常，合闸运行正常。

四、经验小结

部分 400V 大负荷抽屉开关下级负荷过大，超过开关正常运行电流，且下级大负荷设备启动频繁，导致铜排烧灼，影响使用寿命。

需结合设备定期维护检查开关触头，及时增补导电膏，增加接触面积，减少接触电阻，防止过热。

案例 10-2　上库架空线 I 回雷击失电

一、故障现象

03:39:04 值守人员发现 1 号上库变压器高压侧断路器 YBBA06GS001 异常跳闸。

监控报警如下：

03:39:04 主变压器洞 10kV Ⅰ段母线 TV 柜 YBBA01 母线电压正常复归；

03:39:04 主变压器洞 1 号上库变压器高压侧断路器 YBBA06GS001 合位复归；

03:39:04 主变压器洞 1 号上库变压器高压侧断路器 YBBA06GS001 分位；

03:39:05 主变压器洞 10kV Ⅰ段母线 TV 柜 YBBA01 母线电压正常；

03:39:05 主变压器洞 10kV Ⅰ段母线微机装置事故总跳闸；

03:39:08 上库配电盘 Ⅰ段母线进线断路器 YBFJ01GS001 合闸位置复归；

03:39:08 主变压器洞 10kV Ⅰ段母线微机装置事故总跳闸复归；

03:39:09 上库配电 400V Ⅱ段母线带 Ⅰ段母线备自投，上库配电 400V Ⅱ段母线带 Ⅰ段母线备自投操作（流程自启动）；

03:39:10 上库配电盘母联断路器 YBFJ03GS001 合闸位置；

03:39:11 上库配电 400V Ⅱ段母线带 Ⅰ段母线备自投操作成功（流程自启动）。

检查发现上库配电盘 Ⅱ段母线带 Ⅰ段母线运行正常，3、4 号机组抽水运行正常，10kV 厂用电分段运行正常，上库直流系统运行正常，03:41 值守人员将异常情况汇报运维负责人，查看工业电视录像未发现主变压器洞 1 号上库变压器高压侧断路器 YBBA06GS001 分闸时有火花冒烟等异常现象，查看 10kV Ⅰ母电压曲线发现 03:39 Ⅰ母母线电压有突变现象。

二、故障分析

架空线路发生异常，结合季节时间，初步判断为雷击架空线路，避雷器损坏。检查发现：上库 Ⅰ回架空线路的 17 号铁塔上，柱上断路器上的避雷器烧毁，导致上库 Ⅰ回架空线路的 C 相接地。

三、采取的措施

将上库 Ⅰ回架空线路 17 号塔上的柱上断路器及避雷器从主线路上脱离，解开电缆，故障消除。

目前已结合整治工程，将上库区域废旧杆塔及线路拆除。在运设备中的避雷器已备足备品备件。雷雨季节时，已定巡检计划，雷雨过后及时巡检架空线路。发生异常，及时更换备件。

四、经验小结

无实际作用的设备及时拆除，做好现场设备统计清单，及时更新。针对频繁出现的故障应备好备品备件，以待不时之需。

案例 10-3 柴油发电机冷却水管破裂

一、故障现象

应急排水系统调试时，启动下库柴油发电机，运行 3h 冷却水管破裂，柴油机超温跳机。

二、故障分析

下库柴油发电机冷却水管老化，机组运行时间 3h 温度达 80℃，冷却水管为橡胶材质，高温破裂导致机组跳机。

三、采取的措施

将破损冷却水管拆除，更换材质耐高温的冷却水管，启动柴油机运行正常，无漏水现象。

四、经验小结

设备部分零件属于易损件，安装时未明确使用寿命。结合日常维护及消缺工作，发现柴油机胶皮管及密封圈属于易老化器件。已将管路检查纳入定期工作，并备好备件，发现问题及时更换消除缺陷。

案例 10-4 上库柴油机供油电磁阀卡涩

一、故障现象

16:00 进行上库柴油发电机启动试验；

16:10:16 监控远方启动上库柴油机；

16:10:20 监控报柴油机远程启动成功；

现场检查柴油机发现控制面板上报"停机失败报警"，且柴油发电机发电频率为 21～22Hz，出口电压三相均为 180V 左右；

16:13:33 上库柴油机远程停止操作；

16:13:36 监控报上库柴油机远程停止操作成功；

现场检查柴油发电机未停机，手动按紧急停机按钮仍无法停机。

二、故障分析

上库柴油发电机切油阀老化故障，无法断油，导致柴油发电机无法停机。

三、采取的措施

现场采取特殊措施，手动顶住电磁阀，紧急停机。停机稳定后，重新更换切油阀，柴油发电机启停正常。

四、经验小结

在柴油机定期维护作业中增加电磁阀检查项，结合启停试验，关注油管路、水管路是否正常，电子元器件是否正常。及时发现问题，更换备件，保证设备随用随启。

案例 10-5 1号厂用变压器 B、C 相雷击失电

一、故障现象

2017 年 8 月 7 日 11：49：00 厂用电分段运行正常；11：49：21 主变压器洞 1 号厂用高压变压器 ST01 变压器保护装置差动保护跳闸；11：49：21 主变压器洞 1 号厂用变压器开关 SCB01 分位；11：49：22 主变压器洞 10kV Ⅰ 段母线进线断路器 YBBA05GS001 分位；11：49：22 主变压器洞 10kV Ⅲ 段母线装置事故总跳闸；11：49：26 主变压器洞 10kV Ⅰ-Ⅱ 母联断路器 YBBA13GS001 合位，厂用电变为Ⅱ段母线带Ⅰ段母线运行。

二、故障分析

1 号厂用变压器本体检查：检查 1 号厂用高压变压器，发现 1 号厂用高压变压器低压 C 相绝缘支柱，BC 相间铜牌均有过热烧焦现象（见图 10-5-1 和图 10-5-2）。中控室调出 11：49 1 号厂用高压主变压器室的监控录像，发现当时确有放电闪络的现象，核对故障发生时间发现，1 号厂用高压变压器放电闪络时间与当时雷雨天气时间相吻合，而 1 号厂用高压变压器放电点又是低压侧，因此判断故障原因是雷电打到上库Ⅰ回架空线路上，避雷器未动作，造成的 1 号厂用高压变压器低压侧放电闪络，B、C 两相短路，导致 1 号厂用高压变压器差动保护动作。

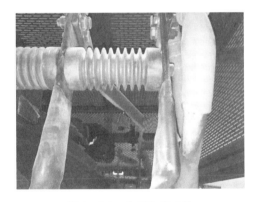

图 10-5-1 C 相绝缘支柱

图 10-5-2 BC 相间铜排

三、采取的措施

处理步骤：将 1 号厂用高压变压器隔离停役，对 1 号厂用高压变压器进行预防性试验，同时单独对 C 相绝缘支柱进行耐压试验，数据正常；因 C 相电缆与铜牌之间间隙较小，在增加电缆与铜牌之间加装增加跨接母排，增加设备可靠性。

四、经验小结

1. 设备本质安全

该电站厂用电系统设计，设备选型等对雷电的抵御能力较弱，今后考虑设备改造时，当下级负荷有架空线路时，可适当考虑加大厂用高压变压器高、低压侧母排间距母排间距，防止架空线路雷击时影响上级负荷导致故障。

2. 设备运维经验

长距离架空线需加装避雷器装置，提高设备对雷电的抵御能力。

案例 10-6 2号厂用变压器开关母排短路故障 ▶▶▶▶

一、故障现象

2020 年 11 月 19 日 05:54:36，4 号主变压器在空载运行时因差动保护跳闸。经工业电视检查发现 2 号厂用变压器开关柜内有弧光放电，2 号厂用变压器电抗器室内工业电视在故障瞬间损坏，2 号厂用变压器室和电抗器室消防烟感动作，无人员在现场。

二、故障分析

（1）故障现场情况：经检查，2 号厂用变压器电抗器三相均有不同程度损坏（见图 10-6-1），2 号厂用变压器开关本体三相极柱防护罩开裂（见图 10-6-2），A相极柱绝缘拉杆烧熔（见图 10-6-3），开关柜至相邻 TA 柜 B、C 相铜排下端有局部损坏放电痕迹（见图 10-6-4），其固定绝缘套管表面有爬电和积灰痕迹，开关柜体有变形现象（见图 10-6-5）。开关柜体部分螺栓存在锈蚀现象。

图 10-6-1　电抗器损坏情况

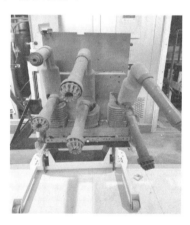

图 10-6-2　开关三相极柱损坏情况

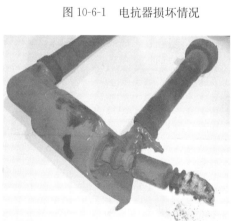

图 10-6-3　A 相极柱绝缘拉杆损坏情况

图 10-6-4　B、C 相铜排及套管损坏情况

图 10-6-5　开关柜故障情况

（2）继电保护信息：经检查，2 号厂用变压器差动保护动作（电流取自 22TA，变比 1250/1 和厂用变压器低压侧 TA），厂用变压器过流Ⅰ段保护动作（电流取自 22TA），4 号主变压器 A 组和 B 组差动保护动作（电流取自 24TA，变比 2500/1；25TA，变比 2500/1；主变压器高压侧 TA，变比 1250/1），厂用变压器保护配置见图 10-6-6，保护动作时序见图 10-6-7，主变压器保护动作时序见图 10-6-8。

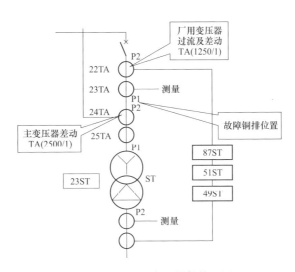

图 10-6-6　厂用变压器保护配置

图 10-6-7　保护动作时序图

99

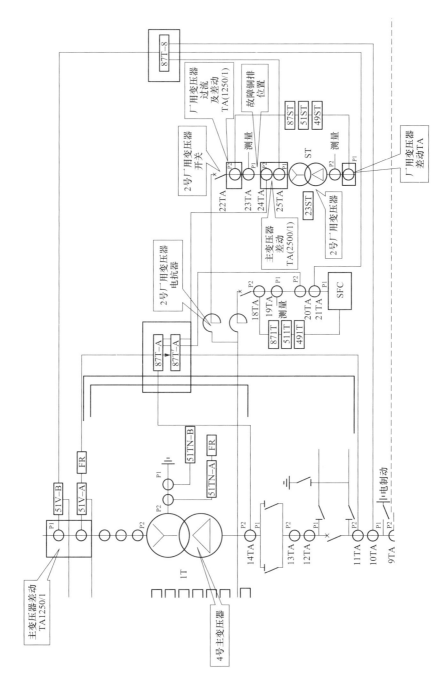

图 10-6-8　主变压器保护动作时序图

保护动作具体信息如下：

（1）对 2 号厂用变压器保护装置波形分析。从 2 号厂用变压器保护故障电流波形（I1A、I1B、I1C）看，故障初始第一个半波，厂用变压器高压侧 B、C 相电流等大反向，半个周波后，A 相开始出现短路电流，第一个峰值一次为 24 750A，从第四个半波（约为 05：54：36.233）开始电流出现削峰情况（见图 10-6-9），采集到的二次最大峰值电流为 58.5A，折算至一次侧最大电流 73 125A，核查削峰时段主变压器高压 TA 侧采集到最大电流一次值为 79 700A（见图 10-6-10）。故障电流开始时间为 05：54：36.203，保护启动时间为 05：54：36.203，差动速断动作时间为 05：54：36.218，过流 I 段动作时间为 05：54：36.229，开关切断故障电流为 05：54：36.262，开始故障到 2 号厂用变压器开关跳开，故障电流持续 59ms。

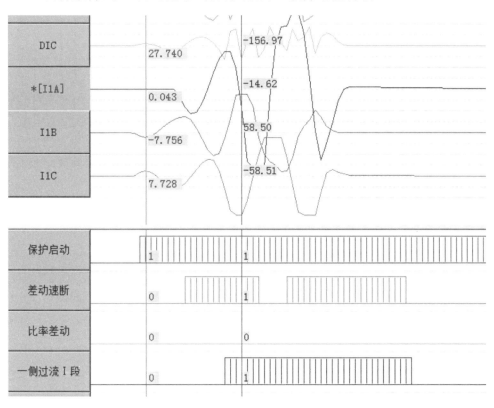

图 10-6-9 2 号厂用变压器保护波形

（2）对 4 号主变压器保护装置波形分析。从主变压器高压侧故障电流波形看，故障发生第一个半波 A、B 相电流大小相等、方向相同，A、B 相与 C 相方向相反且幅值存在 2 倍关系（见图 10-6-10）。主变压器接线为 Y/△-11 点接线方式，反映到主变压器低压侧为 b、c 两相故障导致。从第三个半波开始电流突增，第五个半波主变压器高压侧电流一次电流达到最大值为 2760A，折算至主变压器低压侧为 79 700A。主变压器差动启动时间为 05：54：36.213，动作时间为 05：54：36.254，切

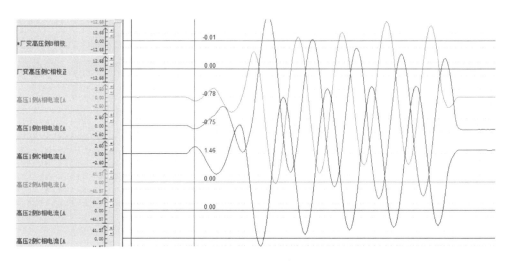

图 10-6-10　4 号主变压器保护装置波形

断电流时间为 05:54:36.311。

故障电流 36.203s 出现，36.213s 主变压器差动保护启动，36.254s 保护出口跳闸（36.213～36.254s 时间差 41ms，虽然保护启动，但是动作出口条件不满足，主要是因为从主变压器保护启动 36.213s 开始到 36.245s 期间故障电流二次谐波大于 15% 闭锁比率差动，到 36.245s 二次谐波小于 15% 条件满足解除闭锁），出口后经过地下厂房 FOX-41B 装置大功率重动继电器、光耦，36.281s 地下 FOX41-B 收到主变压器保护跳闸令，通过光纤送至地面 FOX41-B，36.282s 地面 FOX41-B 装置收到地下装置令，立即将光信号转换为电信号，并经第二个大功率重动继电器出口，最后送至 5053 开关分闸线圈（断路器动作时间 19ms 左右，2017 年测量的 5053 开关分闸时间）全过程 118ms。

故障录波波形分析：从主变压器高压侧故障电流波形（故障录波见图 10-6-11）看，其波形特征与主变压器保护装置电流波形特征一致。

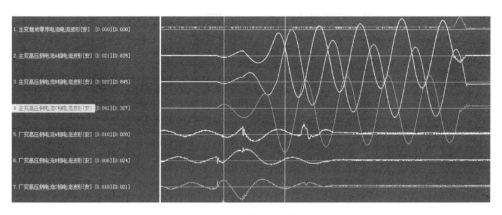

图 10-6-11　4 号故障录波波形

综上所述，从 2 号厂用变压器保护装置、4 号主变压器保护装置、4 号故障录波装置波形上看，保护在规定时间内启动并出口跳开相应开关，时序和动作行为均正确。

从一次设备和保护动作情况分析，故障起始阶段，2 号厂用变压器开关柜与 TA 柜间铜排 B、C 两相沿绝缘子表面发生爬电短路，持续半个周波（约 10ms）后 2 号厂用变压器开关本体 A 相绝缘拉杆击穿及铜排短路弧光引发三相短路。三相短路后第一个峰值电流为 24 750A（约 15ms），从第三个半波（约 23ms）开始电流急剧上升，远超 25kA（按设计要求厂用变压器电抗器应将短路电流限制在 25kA 以内），最高达 79.7kA，表明电抗器在开关柜短路初期（约 23ms）由于未能承受短路冲击，线圈甩开，电抗器可能发生三相短路，失去限流作用，故障电流急剧上升，约 3 个周波（59ms）后，2 号厂用变压器开关跳闸，此时由于开关未能承受过大的故障电流发生损坏。约 49ms 后，5053 开关跳闸，切断故障电流。

综上所述，初步分析导致本次故障的直接原因是 2 号厂用变压器开关柜与 TA 柜间 B、C 相铜排绝缘套管爬电导致发生两相短路，铜排爬电可能原因为潮湿脏污和生锈，具体源头仍待查。开关本体 A 相绝缘拉杆击穿及铜排电弧放电进而引发三相短路。故障扩大原因为 2 号厂用变压器电抗器机械强度不足，未能承受额定范围内的短路冲击电流，线圈甩开，未能起到限流作用，导致厂用变压器电抗器损坏，厂用变压器开关未能承受过大的短路电流，使开关三相极柱受损。

三、采取的措施

（1）购置新的满足电气性能和机械性能的电抗器，对 1、2 号厂用变压器电抗器进行更换。

（2）结合设备检修维护，对全厂开关柜进行全面排查清扫，确保设备检查全覆盖。

（3）与制造厂进一步研究开关柜维护检查项目，明确工艺标准，完善设备维护作业指导书，提升开关柜维护质量。

四、经验小结

（1）基建期安装防护不到位，灰尘进入铜排绝缘套管内部，部分螺栓受潮锈蚀。设备基建安装期间开关柜安装就位时需采取措施保证开关柜安装运行环境干燥清洁，安装完毕后需对设备内部情况进行检查，防止受潮导致设备存在潜在性隐患。

（2）设备维护不到位，每年定期维护仅对开关本体、开关二次元器件进行检查维护。由于开关柜后背板为螺栓把合结构，未对柜后铜排、绝缘子及其他一次回路进行检查，未能及时发现灰尘及受潮现象，后续与制造厂进一步研究开关柜维护检查项目，明确工艺标准，完善设备维护作业指导书，提升开关柜维护质量。

案例 10-7　蜗壳层照明配电箱进水短路

一、故障现象

巡检发现蜗壳层照明不亮，检查发现蜗壳层照明配电箱内有水迹。

二、故障分析

机组排气中夹杂水分在墙体内，积累过后，墙体较潮湿，逐渐渗透至配电箱内部。

三、采取的措施

完善配电箱防火封堵，重新布置接线连接部位。在配电箱上部增设防水罩。

四、经验小结

加强潮湿部位用电设备管理。巡检时关注是否有受潮及积水现场，较潮湿部位使用相应防护等级的照明灯具，保证用电安全。

案例 10-8　照明灯具位置设计不合理

一、故障现象

厂房部分区域照明灯具安装在设备正上方，一部分不符合规范要求，一部分较难维护。

二、故障分析

安装时未考虑设备安装位置，仅满足了现场照度要求。

三、采取的措施

结合整治工程和日常维护，将部分灯具移位处理，并在相应位置增设照明灯具保障现场照度充足。

四、经验小结

新安装设备时除需考虑设备自身稳定性外，还需考虑对现场其余设备的影响，需将设备维护方式考虑进内。不能只管投运不管维护，增加后期工作难度。

第十一章
计算机监控系统

仙居电站监控系统（简称 CSCS）是南京南瑞集团公司提供的开放式环境下全分布计算机监控系统。监控系统采用南京南瑞集团公司 NC2000 V3.0 计算机监控系统软件。主要设备型号如下：

主服务器 1/2：型号 SPARC T4-2、操作系统 Solaris10.0；

操作员工作站 1/2/3：型号 HPZ620、操作系统 AS5.5；

工程师工作站：型号 HPZ620、操作系统 AS5.5；

培训工作站 1/2：型号 HPZ600、操作系统 AS5.5；

远动工作站 1/2：型号 NARI SJ30-642、操作系统 Redhat9.0；

厂内通信工作站：型号 NARI SJ30-642、操作系统 Redhat9.0；

语音电话自动告警工作站：型号 HPZ620、操作系统 Window7。

案例 11-1 监控系统主 UPS 逆变模块损坏

一、故障现象

中控楼配电盘Ⅱ母失电，造成 UPS1 主输入电源丢失，UPS2 旁路电源丢失；UPS1 市电输入指示灯亮，逆变指示灯亮，旁路模式指示灯不亮；UPS2 逆变指示灯亮，故障指示灯亮，市电输入指示灯不亮。此时 UPS2 已有焦煳味，UPS1 输出开关跳开，所有 UPS 负载均失电。

二、故障分析

监控系统主 UPS2 由于旁路电源（接至中控楼 400V 配电盘Ⅱ母，上级电源为 10kV 厂用电Ⅱ母）失电，在主 UPS2 输出跟踪目标电源由中控楼 400V 配电盘Ⅱ母切换至中控楼 400V 配电盘Ⅰ母过程中，中控楼Ⅱ母失电后，UPS1 运行模式由整流逆变模式切换成蓄电池逆变模式，输出相角跟踪由中控楼Ⅱ母相角变为跟踪中控楼Ⅰ母相角。UPS2 运行模式未变，但输出相角跟踪由中控楼Ⅱ母相角变为跟踪中控楼Ⅰ母相角。

监控 UPS 逆变输出电压相角切换基本逻辑：①单独运行时，逆变输出电压相角跟踪旁路输入电压相角；②并线运行时，各 UPS 输出电压相角跟踪首台启动设备旁路输入电压相角；③首台启动设备旁路输入失电时，各 UPS 输出电压相角跟踪第二台启动设备旁路输入电压相角，依此类推；④各旁路输入全部失电时，计算模块根据最后失电的旁路输入电压频率及相角进行计算，同步触发各 UPS 逆变模块。

综上，UPS2 为首台运行设备。UPS2（首台启动）旁路消失，UPS1（次台启动）旁路存在，此时 UPS1/2 逆变输出电压相角切为 UPS1（次台启动）旁路输入电压相角，由于现场的两台 UPS 旁路是两路不同源输入，存在相位差异（两台 UPS 丢失一路旁路电源，自振荡电路并不会启动）。由于 UPS1/2 逆变输出电压相角从 UPS2（首台启动）旁路电压相角切换至 UPS1（次台启动）旁路输入电压相角，引起 UPS1/2 逆变器输出电压相角瞬时改变，造成 IGBT 触发角在同一周期内关断错误，导致 IGBT 模块烧坏。图 11-1-1 为 UPS 接线图。

三、采取的措施

将故障逆变模块进行更换，检查其余元件正常，UPS1、UPS2 送电运行正常。后续对 UPS 进行改造，拆除主板与并机同步板接口线，拆除中控楼主 UPS1 与 UPS2 并机通信线，拆除中控楼主 UPS1 与 UPS2 输出并接电缆，将 UPS1、UPS2 由并机运行模式更改为独立运行模式（重要负荷均采用双电源，两路电源取自不同 UPS），见图 11-1-2。

四、经验小结

1. 设备本质安全方面

对 UPS 运行方式考虑：对于并列运行可靠性较低的品牌 UPS，尽量避免选择并列运行方式，设备选型阶段应注重设备本身质量，调研各类设备在现场应用情况，选择故障率较低的品牌型号，避免选择已停产或即将停产的型号。

2. 设备运维管理方面

起先是因为采用并机运行方式，两台 UPS 之间的通信较为关键，但冗余度低，可靠性不高，且 UPS 输出相角需要保持同步。可能出现的问题较多，如通信异常会导致 UPS 输出不同步造成逆变器损坏，两台 UPS 跟踪的旁路电源出现变化会导致输出不同步造成逆变器损坏。因此并列运行 UPS 看似可靠性较高，但实则 UPS 本身可靠性不高更可能放大并列运行方式的缺点，造成设备可靠性降低。后续将 UPS 改造为独立运行，但保证重要负荷均采用双电源，两路电源取自不同 UPS 的馈线空气开关。

案例 11-2 机组 LCU 看门狗继电器回路设计不合理

一、故障现象

按照监控厂家原设计（见图 11-2-1），为监视机组就地控制单元（LCU）PLC 运行情况设置了一个看门狗继电器 DO24，看门狗继电器 DO24 的常闭接点串入紧急停机回路自锁继电器 K3、K4 的励磁回路中，在机组 LCU PLC 主备均正常运行

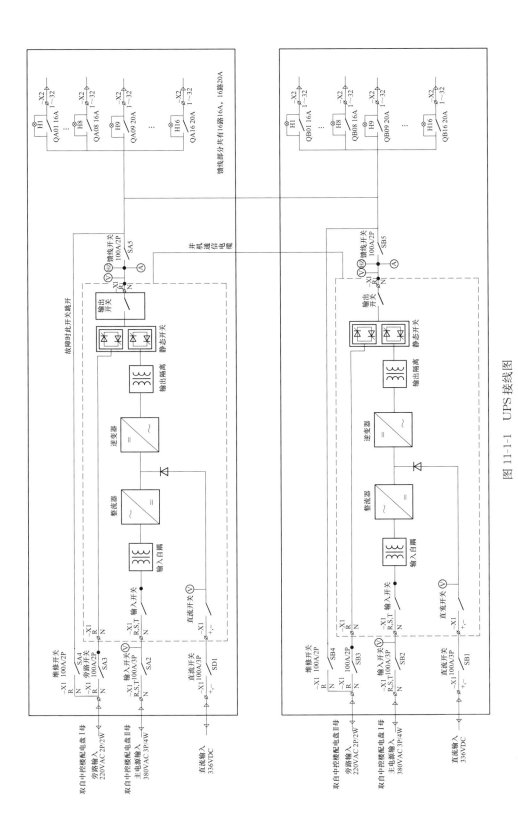

图 11-1-1　UPS 接线图

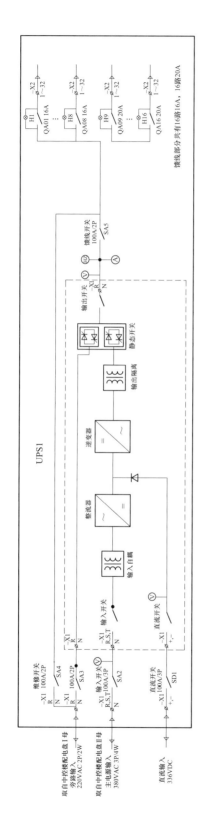

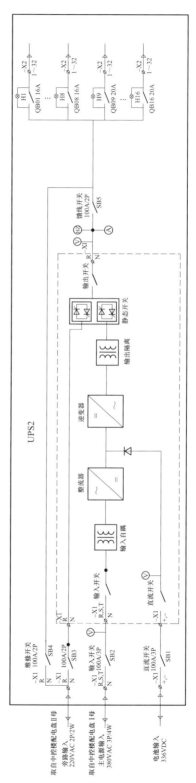

图 11-1-2 中控楼主 UPS 改造后接线图

时会一直励磁看门狗继电器 DO24，当机组 LCU PLC 主备均故障时，看门狗继电器 DO24 会失磁，其常闭接点闭合，导致紧急停机回路自锁继电器 K3、K4 动作出口跳机，由于仅使用看门狗继电器 DO24 一副常闭接点，当看门狗继电器 DO24 故障时可能导致机组误跳，存在单一元件跳闸风险。

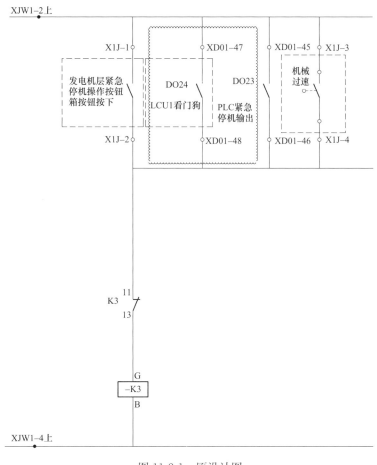

图 11-2-1　原设计图

二、故障分析

设计时忽略存在单一元件跳闸风险，重要元器件冗余度设计考虑不足。

三、采取的措施

增加一个看门狗继电器 DO52，两个看门狗继电器常闭接点串联后接入紧急停机回路自锁继电器 K3、K4 励磁回路，当两个看门狗继电器的常闭接点同时闭合时才出口跳机（见图 11-2-2）。

当 PLC 正常运行时 DO24、DO52 保持开出，当 PLC 停止运行时 DO24、DO52 失磁，触发水轮机保护回路。

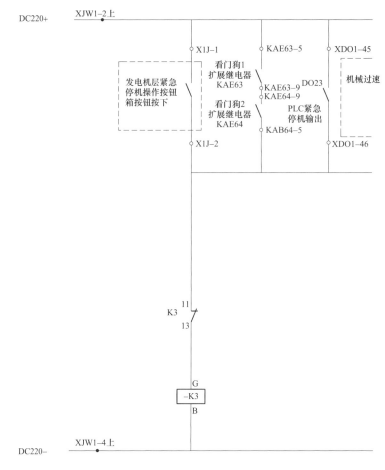

图 11-2-2　增加一个看门狗继电器

四、经验小结

1. 设备本质安全方面

在监控系统设计阶段需考虑重要设备、元件冗余度要求，防止单一元件故障对系统运行造成较大影响，如交换机、PLC、通信卡件、服务器、重要继电器等。

2. 设备运维管理方面

设备安装需把握好现场环境，尽量降低环境湿度及灰尘，有些情况无法避免的应在最近一次检修期内对设备进行彻底除尘，检查设备是否受潮，若继电器针脚生铜绿，可能影响节点接触电阻，容易造成设备拒动。

案例 11-3　机组 LCU IO 模件通信异常 ▷▷▷▷

一、故障现象

1 号机组发电运行过程中监控简报报 1 号机组 LCU IO 模件有故障，1 号机组 LCU 机架 2 上 1-16 块模件均报故障，现场检查 1 号机组 LCU1 本体柜机架 2 上的通信卡件CRA31200故障灯点亮（IO故障红灯点亮、Mod Status 故障红灯点亮、Net Status 故障红灯点亮），机架 2 上的 SOE 卡件、DI 卡件上的开关量输入信号均无法正常上送上位机。图 11-3-1 为故障卡件。

图 11-3-1 故障卡件

二、故障分析

140CRA31200 三个 LED 指示灯亮红灯，表明 CRA 模块进入 OS Reboot 状态，是模块正常的芯片自锁保护状态，一般情况下重启模块可以恢复模块的正常运行，造成该 CRA 模块三红灯的现象可能是受到高频电磁干扰而造成的芯片进入初始化保护状态。

三、采取的措施

全面更换现场网线为 SFTP 双重屏蔽网线，并完善接地安装（具体参考"施耐德 PLC 以太网 IO 系统网线接地及保护"），以增加对 EMC 的鲁棒性。

更换故障卡件，并考虑在后续升级改造时采用新一代 PLC 产品 M580 系列，其 BM(x)CRA31210 对于抵抗超过标准的 EMC 冲击和最新的 PV05 及以上版本 140CRA31200 具有一致性，有较强的鲁棒性。

四、经验小结

1. 设备本质安全方面

设备选型阶段应注重设备本身质量，调研各类设备在现场应用情况，选择故障率较低的品牌型号，避免选择已停产或即将停产的型号。

2. 设备运维管理方面

设备安装需把握好现场环境，尽量降低环境湿度及灰尘，有些情况无法避免的应在最近一次检修期内对设备进行彻底除尘，检查设备是否受潮。

控制卡件、机架、电源模块等设备应做好屏蔽接地，网线选择满足行业标准及设备厂商要求的型号，避免出现信号干扰情况。

案例 11-4 机组 LCU 使能继电器设计不合理

一、故障现象

机组在抽水调相（SCP）转水泵（PO）过程中，机组流程执行失败转机械事故停机，机械事故停机流程同样失败退出，此时成组控制程序再次控制 4 号机组 SCP 转 PO，造成机组重复进行 SCP 转 PO 过程，且事故停机流程无法顺利进行将机组转至停机态。

二、故障分析

顺控使能继电器的设置增加了设备拒动风险，该继电器的两幅常开节点串联后串入其他开出继电器（受顺控使能控制的继电器）的励磁电源回路，当使能继电器的某一副节点故障或者该继电器故障时，则会导致机组流程中开出继电器无法励磁，流程无法执行。

因本体柜顺控使能继电器未励磁，导致本体柜开出命令继电器无法导通，机组流程执行失败转机械事故停机，机械事故停机流程同样因顺控使能继电器未励磁而失败退出，此时成组再次控制 4 号机组 SCP 转 PO，造成机组重复进行 SCP 转 PO 过程，且事故停机流程无法顺利进行将机组转至停机态。

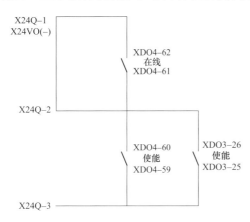

图 11-4-1　机组 LCU 本体柜继电器冗余供电图

三、采取的措施

为防止因单一元件"在线继电器"故障导致所有开出继电器失效（看门狗继电器可满足在线继电器功能要求，且已冗余配置），将本体柜、GM 远程柜、PT 远程柜在线继电器的输出节点进行改接，同步增加一个使能继电器，输出节点并接，在程序中增加新增使能继电器的动作和复归程序段，如图 11-4-1 所示。

修改机组 LCU PLC 程序，在 DO _ PROC 程序段中增加新增使能 DO 程序：

```
（＊顺控使能 ＊）
IF SC_EN_NO<>0 THEN
OUT[77]:=－1;（＊新增本体使能 ＊）
OUT[154]:=－1;（＊新增 PT 远程使能＊）
OUT[190]:=－1;（＊新增 GM 远程使能＊）
IF OUT_RS_NO<>0 THEN
OUT[77]:= 0;（＊新增本体使能 ＊）
OUT[154]:= 0;（＊新增 PT 远程使能＊）
OUT[190]:=0;（＊新增 GM 远程使能＊）
```

四、经验小结

1. 设备本质安全方面

在监控系统设计阶段需考虑重要设备、元件冗余度要求，防止单一元件故障对系统运行造成较大影响，如交换机、PLC、通信卡件、服务器、重要继电器等。

设备安装需把握好现场环境，尽量降低环境湿度及灰尘，有些情况无法避免地应在最近一次检修期内对设备进行彻底除尘，检查设备是否受潮，若继电器针脚生铜绿，可能影响节点接触电阻，容易造成设备拒动。

2. 设备运维管理方面

在检修或者定期维护过程中对重要继电器（涉及机组启停）校验时，尽可能进行多次动作返回试验，避免出现偶发性故障现象，对上电运行时间较长且常励继电器，在检修时可考虑同批次换新。

案例 11-5　主变压器洞 LCU6 开出继电器偶发性故障导致 SFC 故障联跳机组

一、故障现象

机组在抽水调相（SFC）启动过程中，到达 90% 额定转速时，SFC 故障联跳 1 号机组，第一次启动失败同期装置报"系统侧频率过低"，第二次启动失败报"对象侧电压过低"。故障前后，SFC 拖动 1、3、4 号机组，均开机成功。

二、故障分析

同期装置对象侧（或系统侧）电压小于 80V（二次侧额定电压 100V），则立即同期失败，报"对象侧（或系统侧）电压过低"，查系统侧及机端电压历史曲线，同期装置启动时电压值均达额定电压 98% 以上。因此，如图 11-5-1 所示，同期装置报"系统侧频率过低"原因为系统侧电压信号未送至同期装置，即信号未送至同期装置 J21/J22 端子，同期装置报"对象侧电压过低"原因为机端电压信号未送至同期装置，即信号未送至同期装置 J23/J24 端子。

将主变压器洞 LCU6 第 4 个开出继电器（主变压器洞同期运行信号转送 SFC），拆下进行校验，检查继电器外观正常，触点无氧化、烧黑等现象，继电器线圈电阻正常，第一次校验发现该继电器励磁后常开节点 4/6 不通，2/3 节点正常导通，接触电阻 0.3Ω；第二次校验发现该继电器励磁后常开节点 4/6 导通一瞬间即弹开复归，2/3 节点正常导通，接触电阻 0.3Ω；前五次校验均出现上述现象。将该继电器重新从底座拔下轻微晃动后再次校验，该继电器励磁后常开节点 4/6、2/3 均正常导通，接触电阻分别为 0.2、0.3Ω，动作电压 16.5V，返回电压 6.1V，继电器节点返回正常，再次进行 7~8 次校验后，结果均正常；将该继电器重新插拔后再次测试出现上述 4/6 节点导通后断开的现象。因此可判断故障原因为该继电器存在偶发性故障，继电器励磁后常开节点 4/6 存在偶然性导通后断开的情况，导致 SFC 接收到同期运行信号后，在同期期间，机组同期运行信号丢失，SFC 故障联跳 1 号机组。

三、采取的措施

（1）对主变压器洞 LCU6 第 4 个开出继电器（主变压器洞同期运行信号转送 SFC）进行更换校验。

（2）将与同期相关的二次回路接线全面检查一遍，二次接线紧固完好，未发现断线、端子虚接、松动等情况。

（3）将与同期相关继电器均进行 3 次校验，校验结果均合格，继电器励磁后常开触点均正常。

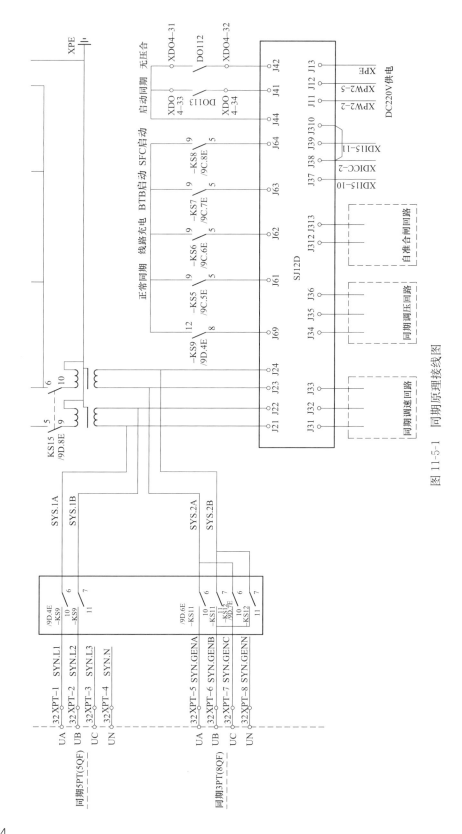

图 11-5-1 同期原理接线图

四、经验小结

1. 设备本质安全方面

设备安装需把握好现场环境，尽量降低环境湿度及灰尘，有些情况无法避免地应在最近一次检修期内对设备进行彻底除尘，检查设备是否受潮，若继电器针脚生铜绿，可能影响节点接触电阻，容易造成设备拒动。

2. 设备运维管理方面

在检修或者定期维护过程中对重要继电器（涉及机组启停）校验时，尽可能进行多次动作返回试验，避免出现偶发性故障现象，对上电运行时间较长且常励继电器，在检修时可考虑同批次换新。

案例 11-6　成组控制程序开停机指令下发异常

一、故障现象

某日 23:55 分提前发出 2 号机组抽水调相（SCP）转抽水指令。

二、故障分析

成组控制程序第二天 00:00 之前均接受"当日负荷计划 96"的改变。全厂模拟量"当日负荷计划 96"被提前改为−760（23:55）。所以才有一台机组转抽水，一台转 SCP。过零点后，00:15 才有−380 的计划点，于是抽水转停机；同时，00:30 有−760，故提前 30min 再启一台机组转 SCP。

三、采取的措施

修改控制程序，成组控制程序 23:52 后不再接受"当日负荷计划 96"的改变。

案例 11-7　抽水调相开机流程闭锁

一、故障现象

开停机"自动"模式下，某日 00:15 出现 1 号机组 SCP 开机指导报警，而未执行相应控制流程。

二、故障分析

开停机"自动"模式下，存在其他机组正在执行开机流程时（包括停机转 SCP 和 SCP 转抽水），将闭锁本机组的 SCP 开机控制流程。

三、采取的措施

修改程序，开停机"自动"模式下，当存在其他机组正在执行停机转 SCP 开机流程时，将闭锁本机组的 SCP 开机控制流程。

案例 11-8　AGC 考核不满足要求

一、故障现象

第一台机组发电开机并网后，按现有爬坡斜率增加机组有功功率，在下一个考核点仍存在功率波动，可能不满足自动发电控制（AGC）考核要求。

二、故障分析

在两个考核点之间按直线设置爬坡斜率，且提前 2min 下达下一个考核点的负荷值。

三、采取的措施

根据下一个考核点的要求，当需要发电开机时，需开机机组并网后，机组负荷设定值一步到位，同时保持已发电成组机组负荷设定值不变；当需要发电停机时，保持非停成组机组负荷设定值不变。根据下一个考核点的要求，不需要发电开停机，只需负荷调整时，仍沿用现有爬坡斜率且提前 2min 下达下一个考核点负荷值的方案。

案例 11-9　一次调频动作复归频繁致机组降有功功率失败

一、故障现象

1 号机组停机过程中，一次调频动作复归频繁（1s 左右即复归），致机组降有功功率失败。

二、故障分析

机组停机过程信号未闭锁一次调频信号闪动造成的机组负荷分配指令变化输出。一次调频动作时，1 号机组成组负荷分配值跟踪当时的机组有功实发值，一次调频动作信号闭锁该负荷分配指令输出。1s 左右一次调频动作信号复归，该负荷分配指令输出，导致降机组有功功率失败。

三、采取的措施

修改控制程序，机组停机过程信号闭锁所有情况下的机组负荷分配指令变化输出。

案例 11-10　成组控制程序抽水调相开机指导标记被清零

一、故障现象

某日 01:20 成组画面请求 4 号机组抽水开机，且此时画面显示无其他机组请求，指导模式确认后，成组实际控制 3 号机组 SCP 开机，4 号机组未转抽水，再次确认后 4 号机组转抽水开机。

二、故障分析

同一时刻既有机组转 SCP 指导，又有机组转抽水指导时，每轮计算结果 SCP 指导标记会被清零，导致 SCP 指导无画面显示、无报警提示。但当有确认命令时，因为每轮计算机组转 SCP 过程先于机组转抽水过程，故机组转 SCP 执行先于机组转抽水执行。也就出现 3 号机组 SCP 开机虽无指导，却先执行的现象。

三、采取的措施

修改控制程序，同一时刻既有机组转 SCP 指导，又有机组转抽水指导时，机组转 SCP 指导过程只清零低优先级的机组 SCP 指导标记，而机组转抽水指导过程只清零低优先级的机组抽水指导标记，保证机组转 SCP 和转抽水过程互不干扰。

案例 11-11　成组控制程序异常负荷曲线报警

一、故障现象

某日 23:55，第二天负荷计划曲线切换成功，为全零负荷曲线，持续报警"成组不接受该负荷曲线设定"。

二、故障分析

全零负荷曲线被作为异常负荷曲线的判据，不被接受；因为存在电站"溜负荷"的潜在风险，故持续报警提醒监盘人员及时干预。

三、采取的措施

增加监盘人员干预机制。当出现全零负荷曲线时，监盘人员如确认此为成组正常运行方式，可将成组负荷调节切换至"指导"，成组控制系统判断该时刻全厂所有机组实际负荷设定值之和为零时，接受全零负荷曲线，同时停止报警。当第二天负荷计划曲线变为非零负荷曲线时，监盘人员应将成组负荷调节切换至"自动"。

案例 11-12　成组控制程序异常导致机组有功反调

一、故障现象

某日 08:45 2 号机组并网后有功没有正常增加，手动切单机增加负荷。

二、故障分析

2 号机组并网后带上基荷，成组控制系统在未收到机组并网信号时仍下发机组设定零值，在收到机组并网信号后再次下发机组设定满负荷值。因此 2 号机组负荷调节过程会出现反调节，导致有功增加过程放缓。

三、采取的措施

修改成组控制程序，当成组控制系统在未收到机组并网信号时不下发机组设定值。

案例 11-13　成组控制程序机组开停机优先级异常

一、故障现象

某日 13:03 成组控制 1 号机组发电，手动确认后 1 号机组发电开机，变为不定态。此时成组控制程序发出 2 号机组发电开机请求，未确认，待 1 号机并网后 2 号机组发电请求消失。

二、故障分析

机组开机综合优先权计算考虑了三个因素（人工优先权、本次停机时长、累积停机时长），当 1 号机组发电开机执行后，本次停机时长清零，可能出现 1 号机组开机综合优先权小于之前次优的 2 号机组，导致成组又发出 2 号机组发电开机请求。

三、采取的措施

修改控制程序，当机组进入开机过程后，机组开机综合优先权在原有基础上增加 10，保证开机过程的高优先级，或者采用手动设定值方式。

案例 11-14　监控系统主服务器主从机异常报警

一、故障现象

某日 23:36 4 号机组转抽水态，监控报 "4 号机组状态突变，全厂 AGC 成组退出和机组 AGC 切单机模式"，实际全厂成组和机组成组未均退出。

二、故障分析

此报警条件为 4 号机组为抽水态且 4 号机组状态瞬间复归为非抽水态且 4 号机组有功功率绝对值大于 200MW，经检查测点 "4 号机组状态" 的历史曲线记录，4 号机组为抽水态后机组状态没有突变。结合只有报警没有实际退出操作的现象。可以判定从机的报警所致，屏蔽从机报警即可。

4 号机组抽水开机过程中，从机先于主机 4 号机组变为抽水态，此时如果从机接收主机的同步数据，则又变为不定态，满足机组状态突变的判断条件，如果此时从机报警，则会出现误报警。

三、采取的措施

从机应处于热备状态，而非工作状态，故屏蔽从机报警。

案例 11-15　成组控制程序误发抽水停机令（一）

一、故障现象

某日 23:51 4 号机组在抽水态，AGC 发出抽水停机请求。

二、故障分析

因机组开停机提前时间采用两组参数，故设置两个局部变量与之对应。分三个时段进行处理 [00:00，23:50）、23:50、（23:50～24:00），（23:50～24:00）时段采用的缺省处理，即取局部变量的初始值零值，故 23:51 出现零指令，发出抽水停机请求。

三、采取的措施

分两个时段进行处理 [00:00，23:50）、[23:50～24:00），[23:50～24:00) 时段局部变量取值为过零点的指令。

案例 11-16　成组控制程序误发抽水停机令（二）

一、故障现象

在成组控制程序根据计划曲线选择机组自动开机过程中，待并网机组和已并网机组的 AGC 分配值会发生多次变化，会偶尔触发分步调节过程，而非固定值 350MW，这种现象在机组开机过程中偶尔会发生，有一定概率造成单台机组有功实发值超过设定值（363MW）且不能自动降至设定值。

二、故障分析

成组控制程序升级前，默认具有分步调节功能，当出现并网机组的实发值与最终分配值偏差超过 10MW 时，有机组需要向上调节，有机组需要向下调节，会触发分步调节功能，各机组的分配值会随着负荷的调整发生变化（分配值跟随实发值），这种情况下有可能会影响机组 LCU 给调速器下发有功设定值。

三、采取的措施

成组控制程序升级后，在成组控制策略中增加了分步调节功能使能开关，并在配置文件中将该参数初始化设置为 0，即不启用分步调节功能。这样在机组自动开机过程中，如果出现并网机组的实发值与最终分配值偏差超过 10MW，不会触发分步调节功能，各并网机组的分配值维持最终目标值 350 不变，避免了影响机组 LCU 给调速器下发有功设定值，达到了预期效果。

四、经验小结

1. 设备本质安全方面

成组控制逻辑设计时应将各种工况以及各种负荷曲线模式考虑齐全，避免相互冲突。前期测试应覆盖全面，尽可能模拟各种极端情况，将程序漏洞暴露出来并分析解决，减少投运后的故障率。

2. 设备运维管理方面

在成组投运初期尽可能采用指令模式，发出开停机指令时由值守人员核对无误后确认，出现异常开停机指令时做好记录，由维护人员查清原因及时处理。

案例 11-17　2 号机组抽水调相启动过程中同期失败 ▷▷▷▷

一、故障现象

2 号机组由停机转抽水调相过程中，由于机组连续同期失败两次导致机组工况转换失败，检查 2 号机组同期装置报警信息，第一次同期失败同期装置事件记录为"对象侧频率过低"，第二次同期失败同期装置事件记录为"对象漏选"。

二、故障分析

将 2 号机组同期控制方式切至手准模式，发现此时同步释放继电器 KS9 继电器动作指示灯亮度不正常，且有嘶嘶声，检查发现同步释放继电器 KS9 继电器与底座接触不良。

第一次同期失败原因为 KS9 触点未动作导致，由图 11-17-1 可知若 KS9 未励磁，则 KS12 无法得电，KS12 未励磁则会导致机端电压信号无法送至同期装置，同期装置启动后报"对象侧频率过低"；第二次同期失败，原因为继电器 KS9 未吸合，导致 J6 的 4/9 未接通，同期装置启动后报"对象漏选"，如图 11-17-2 所示。

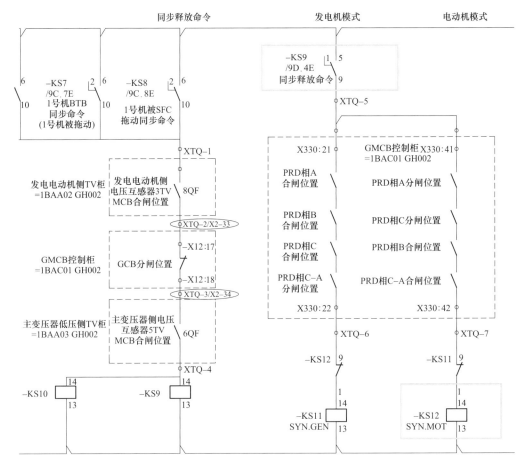

图 11-17-1 同期原理图（一）

三、采取的措施

将同步释放继电器 KS9/KS10 继电器与底座紧固后继电器动作指示灯亮度正常。然后重新启动 2 号机组抽水调相，同期并网成功。定期对继电器进行检查校验，对继电器与底座连接进行紧固，对重要回路的继电器进行周期性的更换。

案例 11-18 4 号机组抽水调相启动过程中同期失败

一、故障现象

4 号机组抽水调相开机过程中，同期装置在抽水调相发送"Syn start"命令后 22:41:14.000 启动，22:41:15.000 机组第一次同期失败，再次启动同期，22:41:19.000，4 号机组同期失败，流程退出，启动事故停机，两次同期均立即同期失败。检查同期装置事件记录均为"对象侧电压过低"。同期装置中整定"对象侧（或系统侧）"电压小于 80V，则立即同期失败。

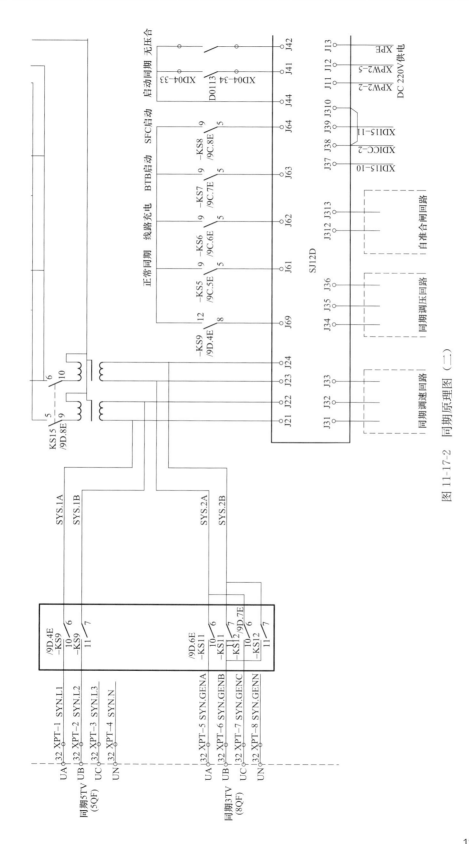

图 11-17-2 同期原理图 （二）

二、故障分析

检查 KS9 励磁条件包括主变压器低压侧 TV 二次空气开关、机端 TV 二次空气开关辅助接点上的接线（见图 11-18-1），发现其上接线为多股软铜线，且未压线鼻子，多股线分叉，且上面有黑色灼烧痕迹及铜绿，接触电阻变大，接触不良导致同期释放继电器 KS9 及 KS10 励磁时出现偶尔失磁，送同期装置的电压会突然消失，进而导致同期失败。

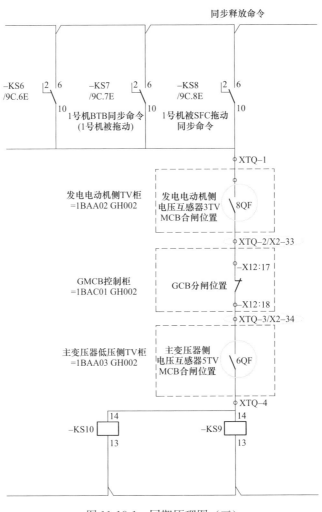

图 11-18-1　同期原理图（三）

三、采取的措施

将 TV 二次柜涉及机组启停的辅助开关的多股软铜线压接线鼻子，在后期运行过程中未再出现此类故障。

四、经验小结

1. 设备本质安全方面

机组开机流程设计中，涉及同期控制的可采用多次同期方式，即第一次同期失败再次启动同期装置或者启动多次。

设备安装调试阶段尽可能保证现场环境，降低环境潮湿度以及减少环境灰尘，避免设备投运后接线端子出现铜绿现象，从而造成端子虚接。

2. 设备运维管理方面

结合机组检修，对同期装置开展定期校验，包括采样精度校验、同期参数校对、逻辑校验，检查同期回路相关接线、端子紧固情况，检查接触电阻是否满足要求。

设备投运后的检修期内二次设备应安排一次全面检查，包括全覆盖式端子紧固，全面除尘，是否存在多股软铜线未制作线鼻子，继电器触点、二次接线、端子是否存在受潮生铜绿情况，图纸是否与现场接线一致等。完成一次全面排查及处理，并后期运行过程中严格控制设备运行环境，确保温湿度合格。

第十二章
继电保护（含直流）

继电保护装置为反应电力系统中电气元件发生故障或不正常运行状态，并动作于断路器跳闸或发出信号的一种自动装置。主要系统型号如下：

（1）500kV 线路保护系统：

仙永 5815 线/仙康 5816 线第一套分相电流差动保护，型号 CSC-103A-G-RY；

仙永 5815 线/仙康 5816 线第一套远方跳闸就地判别装置，型号 CSC-125A-G；

仙永 5815 线/仙康 5816 线第二套分相电流差动保护，型号 WXH-803A；

仙永 5815 线/仙康 5816 线第二套远方跳闸就地判别装置，型号 WGQ-871A-G。

（2）500kV 母线保护系统：

500kV Ⅰ母/500kV Ⅲ母母线第一套保护，型号 PCS-915GA；

500kV Ⅰ母/500kV Ⅲ母母线第二套保护，型号 SG B750。

（3）500kV 断路器保护系统：

断路器失灵保护（5053 断路器、5052 断路器），型号 NSR-321A-G；

断路器失灵保护（5051 断路器、5054 断路器、5013 断路器），型号 NSR-321G-HD。

（4）500kV 电缆线保护系统：

1 号/2 号电缆线第一套保护装置（主机），型号：PCS-915M；

1 号/2 号电缆线第一套保护装置（从机），型号：PCS-915S。

（5）安稳装置系统：

第一套/第二套安稳切机装置（地面），型号 PCS-992M、PCS-992S；

第一套/第二套安稳切机装置（地下），型号 PCS-992M。

（6）发电机变压器组保护系统：

1～4 号发电电动机保护，型号 RCS-985GW；

1～4 号主变压器保护，型号 RCS-985TW；

1～4 号主变压器非电量保护，型号 RCS-974AG2。

直流系统主要用于对开关电器的远距离操作和对信号设备、继电保护、自动装置及其他一些重要的直流负荷（如推力轴承直流注油泵、事故照明和不间断电源等）的供电。主要分为地下厂房 220V 直流电源系统、开关站 220V 直流电源系统、上库 220V 直流电源系统、开闭所 110V 直流电源系统、地面中控楼 48V 直流通信电源系统、地面 500kV 开关站 48V 直流通信电源系统、地下厂房 48V 直流通信电源系统、上水库 48V 直流通信电源系统、地下厂房及开关站 UPS 系统。

案例 12-1 转子一点接地保护测量电阻损坏

一、故障现象

2017 年 3 月 21 日，4 号机组在抽水调相工况带－6MW 负荷稳态运行过程中由于上导＋X、－Y 方向振摆过大导致紧急事故停机。

查看保护装置，转子一点接地保护未动作，保护装置无任何报警和事件记录，未启动故障录波，故障录波也无相应录波记录。

二、故障分析

发电电动机保护采用南瑞继保公司生产的 RCS-985GW 成套保护装置，为双重配置，各配置 1 套转子接地保护装置。转子接地保护采用双端注入式原理，无法 A、B 套同时运行，故障前 4 号机组 A 套转子接地保护装置运行，B 套转子接地保护装置备用。原理如图 12-1-1 所示。

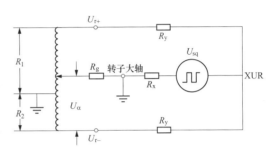

图 12-1-1 转子接地保护原理图

检查发现转子正电源端 R_y 电阻无穷大，负电源端 R_y 电阻为 47kΩ（正常值），正电源端 R_y 电阻断线。在 4 号机组励磁引线处设置金属接地，测得 4 号机组 A 套和 B 套转子接地保护，接地电阻测量值如表 12-1-1 所示（保护定值小于 20kΩ 延时 5s 报警，小于 5kΩ 延时 10s 跳闸）。

表 12-1-1   接地电阻测量值

项目	保护显示接地电阻值	保护动作情况
发电机保护 A 柜	23.83kΩ	保护未动作
发电机保护 B 柜	0kΩ	跳闸

因此当 4 号机组磁极引线发生金属性接地时，由于 4 号机组转子一点接地保护正电源端 R_y 电阻损坏断线，转子接地保护计算错误，导致接地电阻测量值未达到报警及跳闸保护定值范围，转子一点接地保护未动作。

三、采取的措施

（1）转子一点接地保护回路更换注入电阻，对注入电阻进行重新选型，选用耐受大电流冲击性能更好的 EBG 的 HPS150 金属膜电阻，替代原有 ARCOL 绕线型电阻。

（2）新增电流通道。在回路负端串接一个毫安级传感器，传感器监测转子电压测量回路的小电流，并与检查正常情况下转子接地保护回路中的电流进行比较，分析转子一点接地保护回路是否发生开路。该传感器产生的电流将接入保护装置的备用通道，并定义为转子泄漏电流采集回路，实现对转子一点接地保护回路开路的监视。原理图如图 12-1-2 所示。

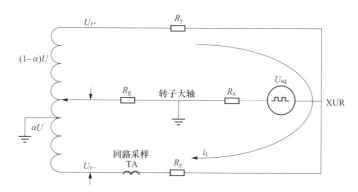

图 12-1-2　转子一点接地保护回路开路的监视与报警原理图

（3）增加电源模块及接线原理图。在保护装置电源回路中增加两个电源模块，用作新增穿心 TA 提供电源，接线原理图如图 12-1-3 所示，TA 电流采样接线图如图 12-1-4 所示。

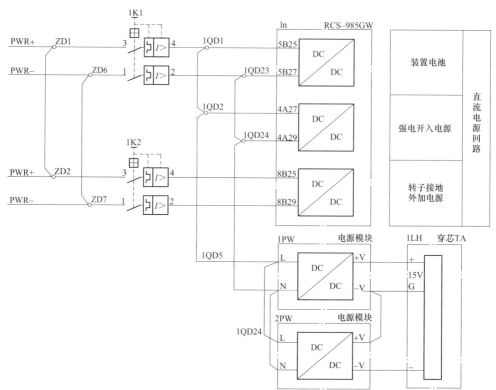

图 12-1-3　新增穿芯 TA 提供电源接线原理

（4）程序升级增加泄漏电流回路监视定值项。

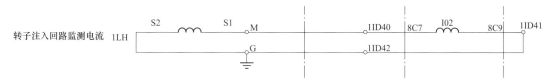

图 12-1-4 TA 电流采样接线原理

1）为了防止保护装置在停机稳态时误报警，将转子电压低于 100V 或接地电阻低于 100kΩ 用作闭锁条件，则正常停机稳态时不判断注入回路断线。

2）当转子无电压或回路断线时，毫安级传感器检测出的值 $I_1 = 0$，回路断线自检功能回路（如图 12-1-2 所示）利用基尔霍夫电流定律（KCL）原理，公式如下：

$$U_{r+} + U_{r-} - 2I_1R_y = 0 \tag{12-1-1}$$

$$\Rightarrow I_1 = \frac{U_{r+} + U_{r-}}{2R_y} \tag{12-1-2}$$

通过硬软件升级实现整个回路监视，可有效防止转子一点接地保护因回路断线无监视的情况下发生一点接地故障保护拒动。

四、经验小结

（1）为避免转子一点接地保护测量电阻损坏、双端变单端造成保护拒动的情况，在运维管理过程中应加强该电阻的阻值测量。

（2）遇到回路断线报警，应立即退出 A 套转子一点接地保护，投入 B 套转子一点接地保护。保护投退操作如下：

1）退出 X 号机组 A 组保护柜转子一点接地保护投退压板 E09-1RLP9。

2）将 X 号机组 A 组保护柜控制字"发电机转子接地保护投入"由 1→0。

3）拉开 X 号机组 A 组转子接地保护正回路熔断器。

4）拉开 X 号机组 A 组转子接地保护负回路熔断器。

5）投入 X 号机组 B 组保护柜转子一点接地保护投退压板 E09-1RLP9。

6）将 X 号机组 B 组保护柜控制字"发电机转子接地保护投入"由 0→1。

7）合上 1 号机组 B 组转子接地保护正回路熔断器。

8）合上 1 号机组 B 组转子接地保护负回路熔断器。

案例 12-2 电缆线保护 FOX41B 装置误动

一、故障现象

2016 年 7 月 30 日 14：00：15，仙居电站发生 1/2 号主变压器 5052 断路器跳闸事件，1/2 号主变压器跳闸，1 号机组事故停机。

现场检查发现开关站继保室 1 号电缆线第一套差动保护柜（地面）2 个 FOX-41B（24n 和 25n）装置"收令 5"均点亮，出口重动继电器动作，地下厂房主变压器洞 LCU6 室 1 号电缆线第一套差动保护柜（地下）2 个 FOX-41B（24n 和 25n）

装置"发令5"均点亮。并且从14：00：15至14：00：23期间，FOX-41B装置"发/收令5"信号频繁动作，每20ms出现一次变位（变位频率50Hz），持续约7s。

二、故障分析

该保护装置为南瑞继保公司生产的PCS-915M电缆线差动保护装置，每套保护两面盘柜，分别置于地下厂房主变压器洞LCU6室和地面开关站继保室，中间通过光纤进行通信，每面盘柜配置两套FOX-41B（24n和25n），分别连接1号发电机变压器组保护和2号发电机变压器组保护相关回路。

（1）从14：00：15至14：00：23期间，FOX-41B装置"发/收令5"信号频繁动作，每20ms出现一次变位，变位频率为50Hz，符合交流量频率。

（2）查找发现主变压器洞直流配电屏直流正母线绝缘降低，正母线电压低至40V，负母线电压约-194V。直流正母线虚接地，保护正母线电压降低。

（3）试验测得发电机变压器组保护装置送至FOX-41B装置的电缆直流回路交流电压分量约为4.8V（此时1、2号主变压器、1号机组及其辅助设备为停运状态），若主设备运行，则该交流电压分量将会升高。并且FOX-41B装置光耦动作时间分别为4ms和5ms，返回时间为16ms和15ms，不满足动作时间大于10ms的要求。

综上所述，在1、2号主变压器和1号机组带375MW负荷运行期间，地下厂房直流Ⅰ段负母有交流串入，直流Ⅰ段正负母线绝缘下降，且发电机变压器组保护至FOX-41B发令5并接电缆回路存在较大电容电流，FOX-41B光耦误发跳闸信号导致1/2号主变压器5052断路器跳闸。

三、采取的措施

（1）将地面开关站1号电缆线差动保护柜FOX-41B（24n和25n）光耦动作设置延时12ms，展宽12ms，以躲避工频电压上半周波部分（10ms）对光耦开出造成干扰导致误动。

（2）将1号电缆线差动保护光耦开入信号、直流电压信号、光耦开出信号接入录波器进行监视，以便在相关信号发生异常时能及时记录异常情况波形，便于进行分析。

（3）在地下电缆线保护柜FOX-41B装置光耦开入前端将发电机变压器组保护跳主变压器高压侧断路器、起动失灵以及解除复压闭锁的输入信号回路增设大功率继电器。大功率继电器的启动功率大于5W，线圈额定工作电压为DC220V，动作电压在额定直流电源电压的55%～70%范围内，额定直流电源电压下动作时间为10～35ms，具有抗220V工频电压干扰的能力。

（4）针对10kV厂用电Ⅰ母备用开关柜直流控制回路绝缘降低导致正母线电压降低问题，对10kV厂用电柜顶交直流二次小母排进行清扫维护。

四、经验小结

（1）配合保护装置维护时对大功率继电器进行定期校验，大功率继电器的启动功率大于 5W，动作电压在额定直流电源电压的 55%～70% 范围内，额定直流电源电压下动作时间为 10～35ms。

（2）对于外部开入直接启动，不经闭锁便可直接跳闸（如变压器和电抗器的非电量保护、不经就地判别的远方跳闸等），或虽经有限闭锁条件限制，但一旦跳闸影响较大（失灵启动等）的重要回路，应在启动开入端采用动作电压在额定直流电源电压的 55%～70% 范围以内的中间继电器，并要求其动作功率不低于 5W。

（3）定期开展 10kV 厂用电柜顶交直流二次小母排进行清扫维护工作。

案例 12-3 厂用电 10kV 开关柜弧光保护误动

一、故障现象

2019 年 7 月 18 日 9 时 55 分，10kV 厂用电 II 母进线开关柜弧光保护动作，造成进线开关跳闸，10kV 厂用电 II 母失电。

二、故障分析

（1）现场检查发现 10kV 厂用电 II 母进线开关柜弧光保护有跳闸灯亮，显示界面报"第三路弧光跳闸"。将手车式开关摇出仓位进行外观检查无异常，手动分合无异常。初步判断进线开关跳闸是由于保护动作导致，排除 10kV 厂用电 II 母进线开关故障导致偷跳的可能性。

（2）检查保护装置动作信息，发现保护动作时光照度为 21.3klx，三相电流分别为 0.11、0.07、0.15A，光照度保护定值为 20klx，电流定值为 $3I_n$，电流辅助判据退出。保护动作逻辑为当弧光照度大于设定值时，保护出口跳闸。此时弧光照度已 21.3klx 超过保护定值的 20klx，保护正确动作出口跳闸。排除 10kV 厂用电 II 母进线保护误动导致开关跳闸的可能性。

（3）当用手电筒照射 10kV 厂用电 II 母进线开关柜弧光保护装置背板时，听到弧光保护装置内部有继电器动作声音，且弧光保护装置面板跳闸指示灯亮。依次对弧光输入 1、2、3 分别照射，弧光装置面板分别显示第一路弧光、第二路弧光、第三路弧光跳闸，相应红色指示灯点亮。对该保护进行传动试验，动作结果正常。确认 10kV 厂用电 II 母进线开关跳闸是由于弧光保护装置动作导致。

（4）经查证，开关跳闸时，两名辅助运维人员正在 10kV 厂用电 II 母开关柜柜后面开展电缆头红外成像工作，用手电筒检查电缆头是否有问题。初步判断可能为手电筒光照射至光纤导致弧光保护动作。为此，运维人员在该柜后玻璃窗处用手电筒进行照射验证，发现在柜后用手电筒照射弧光保护装置光纤时的确会动作。

（5）10kV 厂用电 II 母进线开关柜弧光保护装置背板光纤遭受手电筒照射且光照强度超过保护定值，弧光保护装置电流判据未投入，保护装置出口跳开进线开关，同时保护跳闸信号闭锁备自投动作，导致 10kV 厂用电 II 母失电。

三、采取的措施

（1）经研究决定拆除 10kV I 母线进线开关柜、10kV II 母线进线开关柜、10kV

Ⅲ母线进线开关柜、4号机组自用变压器高压侧开关柜、2号主厂房公用变压器高压侧开关柜、1号上库充水泵高压侧开关柜、保安升压变压器高压侧开关柜等弧光保护出口压板 LP4。

（2）拉开 10kVⅠ母线进线开关柜、10kVⅡ母线进线开关柜、10kVⅢ母线进线开关柜、4号机组自用变压器高压侧开关柜、1号上库充水泵高压侧开关柜等弧光保护装置电源空气开关 ZK6、2号主厂房公用变压器高压侧开关柜弧光保护装置电源空气开关 ZK5。

四、经验小结

（1）新投运设备应做好验收工作，主要包含设备安装位置、元器件原理、出厂试验、厂内交接试验等验收工作。

（2）设备主人应加强设备了解，定期开展二次控制回路、屏柜内元器件动作逻辑传动试验等维护工作。

（3）全面梳理非微机型保护装置使用情况，做到登记在册，及时对非微机型保护装置定期校验、保护定值校验，防止因投产初期设备管理界面不清晰、管理缺失等原因，造成设备误动的情况发生。

案例 12-4　直流系统配电屏馈线开关脱扣故障

一、故障现象

监控报"公用地下厂房 220V 直流Ⅱ段馈线故障""公用地下厂房 220V 直流Ⅱ段直流系统故障"，现场运行人员在副厂房 7 楼直流设备室 2 号充电柜监控器报"2号机组直流分电柜 1 馈线脱扣故障"。

二、故障分析

因监控器报"2号机组直流分电柜 1 馈线脱扣故障"，现场检查 2 号机组分配电柜上 2 号机组 GCB 控制柜 2 号电源开关 2BUA11GH001-Q25、2 号机组进水阀油压装置控制柜电源开关 2BUA11GH002-Q05、2 号水泵水轮机辅助设备控制柜电源开关 2BUA11GH002-Q12 三个空气开关辅助节点出现一半红色一半白色情况。

直流开关辅助节点为 NFS2 辅助及报警触头组，其内部两个切换节点用于指示断路器分合位置指示及断路器"故障脱扣"，辅助接点在非跳闸情况下小窗口出现部分红色界面表示辅助节点长时间运行开始老化，可能造成内部触点断开。

三、采取的措施

对上述空气开关辅助节点进行更换，更换后报警复归。

四、经验小结

日常巡检时关注直流盘柜空气开关辅助节点，如出现红色界面应及时处理，更换辅助节点。

案例 12-5　蓄电池放电容量不满足要求

一、故障现象

（1）上库 220V 1 组蓄电池放电 8 小时后存在部分单体电压不合格情况。

（2）上库 220V 2 组蓄电池放电 5 小时后存在部分单体电压不合格情况。

（3）地下厂房 220V 1 组蓄电池放电 5 小时后蓄电池容量 50％存在部分单体电压不合格情况。

（4）地下厂房 220V 2 组蓄电池放电 6 小时蓄电池组容量 40％后存在部分单体电压不合格情况。

（5）开关站 48V 1 组蓄电池放电 6.5 小时后整组电压不合格情况。

二、故障分析

蓄电池容量不足可能是多种原因造成的，例如硫化、活性物质脱落、极板软化、过放电等。

（1）硫化。蓄电池充放电的过程为电化学反应过程，放电时氧化铅形成硫酸铅，充电时硫酸铅还原为氧化铅。硫酸铅为易结晶的盐化物，当电池中电解溶液的硫酸铅浓度过高或静态闲置时间过长时，就会结成小晶体。结晶后的硫酸铅充电时不但不能再还原为氧化铅，还会吸附在栅板上，造成栅板工作面积下降，蓄电池容量下降，这一现象叫硫化，也就是常说的老化。

（2）活性物质脱落、极板软化。蓄电池正极板活性物质的有效成分为氧化铅，氧化铅分 α 氧化铅和 β 氧化铅，其中 α 氧化铅物理特性坚硬，容量比较小，以多孔状附着在极板，用于扩大极板面积和支撑极板；β 氧化铅依附在 α 氧化铅构成的骨架上面，其荷电能力比 α 氧化铅强很多。

（3）大电流放电状态。电池正极板表面的氧化铅参与反应快，深层氧化铅反应以后形成的局部硫酸已经转化为水了，缺少参与反应的硫酸，而隔板中的硫酸扩散到表面，表面的 α 氧化铅被迫参与反应，再充电以后就形成了 β 氧化铅，造成极板软化。

（4）深度放电。β 氧化铅已经反应完，α 氧化铅被迫参与反应。

过放电：蓄电池在深度放电时超过了电池的终止电压后仍然继续放电。过度放电时附着在极板上的硫酸铅过多，就会堵塞极板上的孔隙，使极板上的活性物质和电解液隔离开来，导致内阻增人，容量下降。外在的表现就是电池在放电时电压急剧下降，而在充电时电压上升很快，电池温度迅速升高。

三、采取的措施

对放电容量不合格的蓄电池组进行更换、充放电试验，试验结果合格。

四、经验小结

（1）做好蓄电池巡检及年度定期工作：①巡检时检查蓄电池外观是否出现鼓

包、变形，对蓄电池进行红外测温，观察是否有蓄电池存在温度偏高的现象。②定期对蓄电池进行内阻测量、单体电压测量，分析数据趋势是否正常。③对运行年限超过 5 年的蓄电池每年进行充放电试验，充放电试验时如有蓄电池到达终止电压，应立即将其隔离出蓄电池组。

（2）对于直流系统充电机维护或交流进线电源维护等需要蓄电池独立供电的情况，维护时间应控制在 8 小时以内，防止蓄电池深度放电，造成不可逆的损伤。

第十三章
励磁系统

仙居电站励磁系统为自并励励磁系统，正常起励电源取自励磁变压器低压侧，磁场电流经由励磁变压器、励磁变压器低压侧交流开关、晶闸管整流桥和磁场断路器。励磁调节器采用双套南瑞 NES6100 控制器，每个控制单元均作为一个独立的调节通道，可独立承担所有的励磁调节任务，互不共用，互不干扰，组成冗余的两通道系统。任一套控制单元发生故障时不会影响其他控制单元的正常工作，保证系统的可靠运行。励磁系统功率整流器采用三相全控桥式整流器，按照 N＋1 的模式配置。灭磁开关采用 GErapid4607 直流断路器，正常停机过程（含退电气制动）时，采用逆变灭磁；电气故障跳机或机械故障跳机时，为非线性电阻（氧化锌）灭磁。

案例 13-1 励磁允许触发标记信号逻辑错误

一、故障现象

1 号机停机转发电过程中，励磁系统流程到达"励磁系统准备好"，监控系统开出"1 号机组励磁系统开机令"后励磁升压失败导致机组事故停机。现场检查调节器变位记录，发现"远方建压 0—>1"后无"就地建压""允许触发标志""励磁系统已投入"三条信息的变位记录，此为异常现象。其余一次设备检查后未发现明显异常。

二、故障分析

通过与启动成功时的事件记录对比，发现本次事件中，励磁系统在"远方建压"信号之后，没有"就地建压"信号和"允许触发标志"信号（若无此信号，则不会发出触发脉冲）。经查询"允许触发标志"的逻辑情况为：（远方建压令 OR 现地建压令）&& 模式令 && 转速令 && 没有逆变令 && 没有开机保护。其程序框图如图 13-1-1 所示。

本次启动至收到监控系统建压令后，"远方建压"存在，发电模式令未复归，转速令未复归，无逆变令，无故障记录，因此本次启动时，"允许触发标志"逻辑情况是满足的，但现场实际没有"允许触发标志"信号。结合未出现"就地建压"信号及故障情况复原，可判断为"允许触发标志"的逻辑中缺少"远方建压令"，程序与原设定不符。图 13-1-2 为励磁系统建压主回路，图 13-1-3 为现地建压回路。

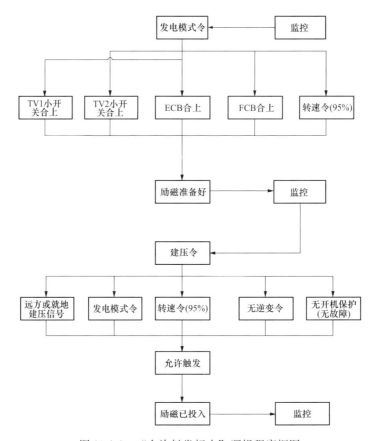

图 13-1-1 "允许触发标志"逻辑程序框图

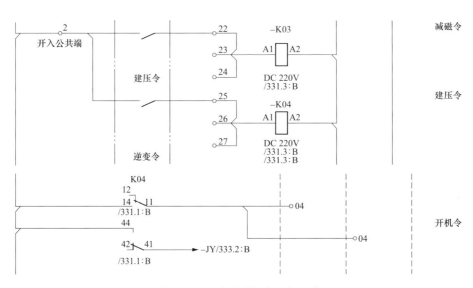

图 13-1-2 励磁系统建压主回路

图 13-1-3 励磁系统现地建压回路

正常运行时，监控发励磁系统开机令，继电器 K04 励磁，11 和 14、41 和 44 接点导通，励磁调节器板卡 B07 同时收到远方建压令及现地建压令，"允许触发标志"逻辑满足。本次故障由于 K04 继电器励磁后 41 和 44 接点偶发性未导通，调节器未收到现地建压令，且"允许触发标志"逻辑中缺少远方建压令判据，最终导致励磁建压失败。

三、采取的措施

（1）修改调节器程序中相关的配置文件，现场进行安装配置，对所有调节器参数情况重新进行核对，确认无误。

（2）更换故障继电器 K04，新领用继电器经校验合格后使用。

（3）对修改后的程序进行验证。解除现地建压信号（K04-41 端子外部接线），启动机组到旋转备用态，励磁系统启动建压正常，事件记录中"允许触发标志"信号正常。停机过程中电气制动也未发生异常。验证程序无误后恢复正常接线，缺陷消除。

四、经验小结

（1）本次缺陷暴露出励磁调节器内部程序设计与现场实际不对应、调试过程中未验证重要逻辑等问题。今后在新设备安装、改造阶段需对所有逻辑进行模拟验证，对二次回路进行充分的检查核对后方可投入使用。

（2）继电器应按要求进行校验。由于设备运行超过 5 年，自动化元件故障率提高，应充分考虑将继电器进行整体更换，保证设备的安全稳定运行。

案例 13-2 灭磁开关状态异常

一、故障现象

（1）2 号机组发电启动过程中灭磁开关合闸后异常跳开，机组流程保持，现场人员通过旋钮合上灭磁开关，机组正常启动；停机后对灭磁开关进行检查，开关合闸后存在异常跳开情况，对开关进行拆解检查，发现开关失压脱口器固定在小侧板上的螺栓孔位脱开（见图 13-2-1 和图 13-2 2），开关合闸时发生振动，失压脱口器未固定，振动引起动作，导致开关分闸。

（2）3 号机组灭磁开关 D 级检修期间进行断路器分合闸试验发现，灭磁开关多个辅助接点位置信号反馈异常。对开关进行拆解检查，发现开关右侧小侧板存在裂纹情况（见图 13-2-3）导致小侧板对主支臂固定强度减弱，主支臂多次动作后产生部分偏移，主支臂联动的位置开关动作不到位，出现辅助接点信号反馈异常情况。

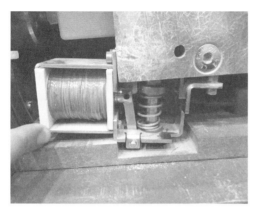

图 13-2-1　失压脱口器脱开示意图

图 13-2-2　螺母丝套掉落情况

二、原因分析

发生故障的灭磁开关小侧板材料均为胶木材质；抽水蓄能电站每日机组启停频繁，灭磁开关平均每日动作次数约为 5～6 次；胶木材质侧板在运行时间长及开关动作一定次数后，易出现老化，材质强度弱化情况，最终导致侧板出现裂痕和螺栓孔位脱开等情况发生。

三、采取的措施

经与厂家联系，该系列 GE-Rapid 灭磁开关在 2015 年前灭磁开关生产过程中均采用胶木材质侧板，在 2015 年后已改用新形式环氧浇筑材料侧板（见图 13-2-4）。新式侧板结构强度较大，抗磨及韧性较强，且运行寿命年限长，不易老化。结合机组检修机会对全厂 4 台灭磁开关及备件开关共计 10 块小侧板均更换为新形式环氧浇筑材料侧板，同时在检修项目中增加侧板检查项目，做好侧板情况定期监视。

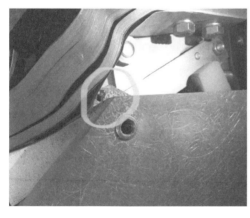

图 13-2-3　小侧板裂纹情况裂纹

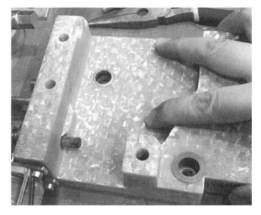

图 13-2-4　新形式环氧浇筑材料侧板

四、经验小结

（1）该电站使用的灭磁开关（GE4607）为 2015 年前生产，运行两年多，胶木材质侧板材质强度弱化，长期频繁分合闸导致侧板出现裂痕和螺栓孔位脱开，设备存在质量缺陷，品质不佳。新设备采购时应充分调研设备性能及升级改造情况。

（2）灭磁开关维护时应充分检查开关的机械结构，尤其是主触头、弧触头、开关侧板及脱扣固定情况。根据开关说明书要求，当开关运行超过 5 年或者开关分合闸次数超过 5000 次，应按要求请开关厂家到现场进行专业维护，对开关本体进行拆解，充分检查易损件的状态并及时更换。

第十四章

SFC 系统

静止变频器（SFC）由德国西门子公司生产，型号为 SINAMICS GL150，额定容量为 28MW。SFC 系统由输入单元、变频单元、输出单元、控制单元、保护单元及辅助单元组成。

SFC 设有 2 台输入开关和 3 台输出开关，均为上海西门子生产的真空断路器。SFC 输入开关合闸由监控系统发令控制，分闸由 SFC 控制器控制，SFC 输出开关、SFC 逆变桥侧开关和 SFC 旁路开关分合闸均由 SFC 系统发令控制。

SFC 冷却系统包括晶闸管冷却单元和输入/输出变压器冷却单元两部分。晶闸管冷却单元为强迫水冷，分内冷却水和外冷却水，内冷却水回路采用内循环的去离子水，SFC 启动时启动去离子水泵循环去离子水，用于对整流桥、逆变桥晶闸管组及直流电抗器的冷却。

案例 14-1　SFC 开关储能电机电刷偏磨

一、故障现象

1 号机组停机转抽水调相过程，转速达到 20％，SFC 控制器开出 SFC 输出开关合闸令，由于 SFC 输出开关未正确合闸，导致 SFC 事故/故障联跳 1 号机组，1 号机组启动电气事故停机流程。现场检查 SFC 控制面板显示"F07312 故障 MSS3（输出开关 OCB61 故障）"。

二、原因分析

（1）从设备方面分析：由于电机动作频繁，使得电机阴极侧电刷金属压片松动，松动后电刷位置发生偏移。受电化学腐蚀影响，阴极侧电刷相对于阳极侧磨损更为严重，位置偏移后阴极侧电刷与集电环接触面不平整，磨损加剧（见图 14-1-1 和图 14-1-2）。电刷压片对阴极侧电刷有阻塞作用，当电刷长度不足时，会造成电刷与集电环接触不良，电机储能失效。

（2）从管理方面分析：①SFC 输出开关在上一次合闸后储能电机未动作、开关未储能的情况未做预警措施，开关重要信号未上送至监控系统进行远程监视。②SFC 开关定期维护未对开关储能电机电刷情况进行检查。

三、采取的措施

（1）对 SFC 输出开关故障储能电机进行更换，更换完成后进行手动分合试验，

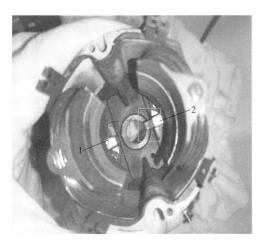 

图 14-1-1　储能电机转子电刷磨损　　　　　图 14-1-2　电刷弹簧装置
（1—电刷已磨损严重，
2—电刷状态良好）

开关动作正常，电机储能正常，储能过程无异音异响。

（2）对 SFC 1 号机组侧输入开关、SFC 4 号机组侧输入开关、SFC 逆变桥侧开关、SFC 旁路开关进行检查，发现储能电机阴极侧电刷磨损较大，均进行更换。

（3）将 SFC 开关储能信号加入机组停机至 SFC 抽水/抽水调相启动工况转换条件。当 SFC 开关未储能时，机组工况转换条件不满足，方便值守人员进行远程监视。

（4）周期为 6 个月的定期维护中加入对储能电机电刷外观检查；周期为 12 个月的专业维护中加入对储能电机电刷进行拆解检查。

四、经验小结

（1）目前西门子生产的 SFC 开关仍使用该储能电机进行储能，后续跟踪该问题根源的改进措施，及时进行升级改造。从运维经验发现，开关动作 2000～3000 次时电刷磨损量将达到 6mm，接近厂家提供最短不少于 9mm 的要求，备品备件应充足，加密开关定期维护周期，发现异常时及时进行储能电机的更换。

（2）影响开关分合闸的重要信号应接入监控系统进行远程监视。

（3）建议优化为"SFC 输入变热备用"运行模式，合理减少 SFC 输入开关分合闸次数。

案例 14-2　SFC 断路器信号反馈超时

一、故障现象

2018 年 9 月 10 日 23 时 50 分 12 秒，2 号机组抽水调相工况启动过程中 SFC 事故/故障联跳 2 号机组导致启动失败，机组执行事故停机流程。SFC 系统报警：本次故障代码为 F07312（Fault MSS 3），value 值为 8，代码含义为 r6672［6］（SFC 控制器开出 OCB61 开关分闸令至开关分位信号反馈至控制器时间）超过 p6676［6］（开关最大分段时间 200ms），欠压线圈得电动作。

二、原因分析

（1）OCB61 开关分闸令开出至分闸继电器回路。该回路仅以线相连，检查接线未见松动。该回路故障的可能性极低。

（2）OCB61 开关分闸令继电器线圈励磁至节点动作。经继电器校验合格。但可能存在偶发性的继电器线圈励磁后节点延迟动作的可能性。

（3）OCB61 开关分闸继电器节点动作至开关分闸线圈动作回路。检查线圈，未见电阻变化，未见回路接线松动，且开关本身分闸过程正常。该回路故障的可能性极低。

（4）开展 SFC 输出开关 OCB61 分闸时序分析（时序图如图 14-2-1、图 14-2-2 所示）。对比本次故障 OCB61 分闸时序图以及正常分闸的时序图，可得出以下结论：故障时 OCB61 从分闸令开出至合位复归时间比正常时多出 90ms 以上；合位复归至分位扩展的时间未发生变化，均为 77ms。从上述两个结论可看出，本次 OCB61 开关分闸超时发生的过程在 SFC 开出分闸令开出至合位复归的过程中。

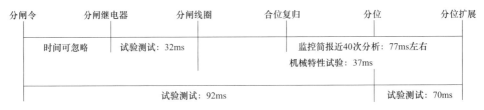

图 14-2-1　OCB61 正常分闸时序图

图 14-2-2　本次故障 OCB61 时序图

（5）对分闸令继电器 K14 进行 5000 次动作性能试验发生一次 24ms 的延时现象（见图 14-2-3、图 14-2-4），其余分合测试触点通断都正常。该常闭触点偶尔有轻微的接触不良导致触点导通延迟的现象。对 DC-K14 继电器解体检查，发现其用于 OCB61 开关跳闸的两组串联的辅助触点（51：52；61：62）有拉弧氧化痕迹（见图 14-2-5、图 14-2-6）。

说明：上部棕红色线表示分闸反馈，下面的棕红色线表示分闸命令，正常分闸反馈时间约为 24ms，即分闸命令变为至分闸反馈变位的时间差。当反馈时间大于 30ms 时将触发黄色线。图 6 中触发黄色线变位，反馈时长约为 48ms，与正常相比

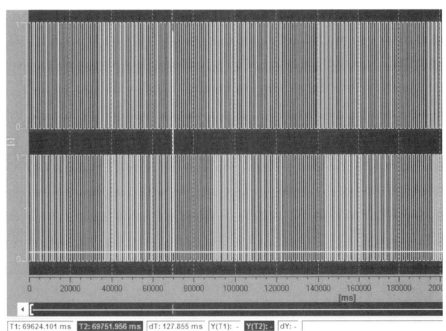

T1: 69624.101 ms　T2: 69751.956 ms　dT: 127.855 ms　Y(T1): -　Y(T2):-　dY: -

图 14-2-3　负载测试录波概图

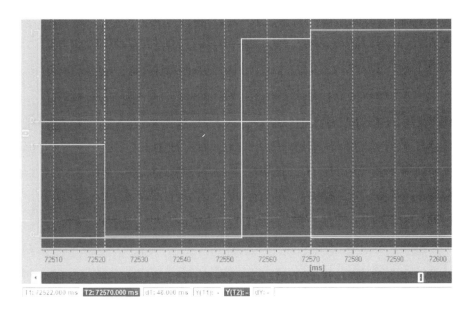

T1: 72522.000 ms　T2: 72570.000 ms　dT: 48.000 ms　Y(T1): -　Y(T2):-　dY: -

图 14-2-4　负载测试录波延迟情况放大图

约有 24ms 延时。

该继电器触点接触不良现象严重时会导致 OCB61 开关跳闸延迟，但不会发生继电器拒动现象。据此，可以明确本次 SFC 起动完成后联跳的根本原因是 OCB61 开关跳闸回路的跳闸继电器 DC-K14 的常闭触点（51:52；61:62）接触不良引起。

图 14-2-5　继电器拉弧痕迹（一）　　　　图 14-2-6　继电器拉弧痕迹（二）

由于 SFC 启动频繁，从调试起至今已累计有数千次启动，OCB61 开关也已有数千次分合，因该继电器触点直接作用于断路器的跳闸回路，负载为 220V 直流感性线圈，继电器触点不可避免产生拉弧现象。

三、采取的措施

（1）取消扩展继电器。原 OCB61 送 SFC 控制器的分位信号由扩展继电器反馈增加了 70ms 延时。将该回路舍去扩展继电器，直接改接至本体位置节点，可缩短断路器分位反馈时间，使得整个监视时间缩短至 100ms，与监视超时时间 200ms 有足够裕度。

（2）增设超时报警。新增设 150ms 的监视超时报警，与原 200ms 监视超时故障配合。在断路器正常分闸动作时间较长或分闸命令继电器动作滞后时，能提前发现该问题，及时做好断路器本体或继电器的检查，防止故障进一步扩大。

（3）分闸令继电器检查。日常维护中加强该类继电器辅助触点动作时间的校验，应每年不少于 1 次对继电器的各个辅助触点进行不少于 20 次动作与返回时间校验，如发现动作时间出现离散大于 10ms 时应考虑予以更换新继电器。

四、经验小结

（1）SFC 控制器开出 OCB61 开关分闸令至开关分位信号反馈至控制器时间最大值为 200ms，该重要信号经扩展继电器开出不合理，即增加了信号反馈的延时，又对应增加了回路的断点（影响因素增多）。在开关本体辅助节点足够时，回路中所需的重要分合闸信号因应直接取自开关本体的辅助节点。

（2）当回路对信号量的反馈时间有限制时，应加强回路中继电器辅助触点动作时间的校验。

案例 14-3 SFC 冷却水回路故障

一、故障现象

2 号机组停机转抽水调相过程，监控系统于 00:332:47 报"主变洞 SFC alarm converter"，00:34:45 报"SFC 事故/故障联跳 2 号机组"。现场检查 SFC 控制面板显示故障代码为 F45159（SFC 冷却水回路故障），查看具体原因为：主用去离子泵 0202 无流量报警、主用去离子冷却水泵不可用跳闸。检查冷却水控制柜，发现去离子水泵电源开关已跳开，动力电源回路 B 相端子烧黑，B 相端子排已烧融，A 相端子排受 B 相影响已发黑但未融穿，如图 14-3-1 所示。

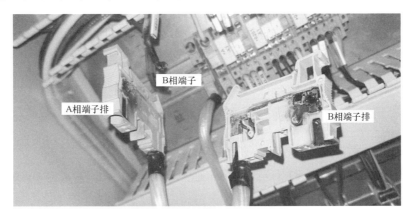

图 14-3-1 去离子水泵电源端子现场情况

二、故障分析

SFC 去离子冷却水泵电源回路端子安装工艺不良，采用弹簧压接型端子排，多股软铜线端头散股、翘曲，使端子与端子排接触面积不足，接触电阻增大。去离子冷却水泵在启动过程中电流较大，接触面发热严重，导致端子排烧熔。去离子水泵电源开关因回路中有大电流进行保护跳闸。

三、采取的措施

（1）将故障端子烧熔部位进行清除后装接线鼻子，取消原弹簧压接型端子排，改用螺栓紧固型端子排，端子排接线时紧固到位，确保端子与端子排接触良好。

（2）对 SFC 系统进行全面排查，完成盘柜内端子紧固，并将其他大电流端子使用的弹簧压接型端子排更换为螺栓紧固型端子排。

（3）在 SFC 定期维护工作中，增加去离子水泵运行电流测量及端子排红外测温项目，模拟去离子水泵实际运行情况。目前维护过程中未发现电流异常增大及端子排过热情况。

四、经验小结

（1）SFC 去离子冷却水泵电源端子排选型不合理，多股软铜线端头未压接线鼻子。后续大电流通过的端子排应选用螺栓紧固型端子排，多股软铜线端头应压接合适的线鼻子后进行接线。

（2）盘柜清扫、端子紧固时应检查接线情况，注意线皮长度是否合适，端子排是否存在压到线皮、虚接等异常情况。

案例 14-4　SFC 晶闸管触发故障

一、故障现象

监控系统报"SFC 事故/联跳 1 号机"，SFC 控制器报出故障代码为 F30202，代码含义为 SFC 桥臂换相失败。以故障值 607330112 为例，故障值代表 SFC 的第二个子系统网桥的第三个桥臂全部晶闸管（-V131，-V132，-V133）导通后进行换相时未及时关断（其桥臂示意图见图 14-4-1）。其原因为第二个子系统网桥的第五个桥臂的其中一个或多个晶闸管未及时导通（晶闸管导通顺序为 135、462，例如第二个桥臂全部晶闸导通后进行换相时未及时关断，故障原因为该侧第四个桥臂的其中一个或多个晶闸管未及时导通）。

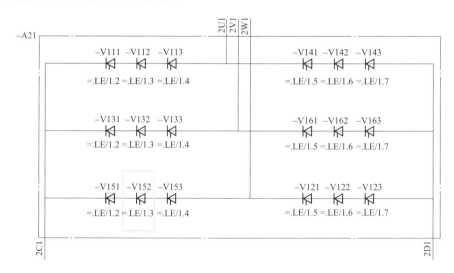

图 14-4-1　SFC 晶闸管桥臂示意

二、原因分析

（1）主控制器至触发卡件的光纤连接存在问题。主控制器至触发卡件光纤连接不稳定，脉冲触发板未收到触发控制信号，无法触发相应桥臂晶闸管。经过多次维护，对所有触发卡件光纤接头进行了清洁，对所有光纤接口进行了紧固，未发现有光纤未连接到位的情况，经维护后该类故障仍不定时发生，判断光纤连接问题并非故障本质原因。

（2）脉冲触发板本身存在不稳定或者临界的工作状态。对发生触发失败故障的卡件交由德国西门子公司进行了检测。触发卡件经过单体功能测试，运行仿真测试，带晶闸管模拟运行环境测试，未发现触发板异常（见图14-4-2）。

脉冲触发板代码	序列号	工作电流消耗	检测结果	备注
KE-A11-A131	SF2CO014645	4.61mA	正常	
脉冲触发板功能测试	项目描述		检测结果	
电压测量功能	测量加在脉冲触发板上的晶闸管阳极阴极电压，与实际值无偏差		正常	C1
接收命令功能	脉冲触发板可以接收控制器通过光纤传送的命令，并正确执行触发命令		正常	C2
门极触发功能	脉冲触发板触发晶闸管，门极电流数值波形正常		正常	C3
发送状态功能	脉冲触发板通过光纤发送给控制器的内部状态信号编码正常		正常	C4
LE-A21-A152	SF2CN020446	4.59mA	正常	
脉冲触发板功能测试	项目描述		检测结果	
电压测量功能	测量加在脉冲触发板上的晶闸管阳极阴极电压，与实际值无偏差		正常	C1
接收命令功能	脉冲触发板可以接收控制器通过光纤传送的命令，并正确执行触发命令		正常	C2
门极触发功能	脉冲触发板触发晶闸管，门极电流数值波形正常		正常	C3
发送状态功能	脉冲触发板通过光纤发送给控制器的内部状态信号编码正常		正常	C4

图14-4-2 SFC触发卡件检查结果

结合现场反馈数据及录波（见图14-4-3）分析，发现部分触发卡件的光电转换元件信号在运行时间或存在不光滑毛刺现象，此现象可能因为现场安装阶段感光元件长期处于裸露状态，致使接口积灰且无法彻底清理所致。

三、采取的措施

鉴于波形毛刺情况，西门子公司对该触发卡件进行了升级，增减了抗干扰措施，提升了感光元件对环境的适应性能，反复测试后，根据数据及录波（见图14-4-4）分析，不光滑毛刺的现象已完全消除。2018年1月电站对SFC所有触发卡件进行了升级更换，截至目前未在出现F30202跳闸故障。

四、经验小结

（1）触发卡件光电转换元件为精密自动化元件，对安装及运行环境要求较高，设备安装期间应充分做好设备防护，感光元件做好遮光处理、光纤接口做好防尘保护。设备定期维护时也应做好设备清扫检查，盘柜内灰尘清理后再进行光纤接口检查，防止灰尘掉落，影响触发卡件性能。

（2）设备主人应及时跟踪设备的新技术、新升级。通过触发卡件升级，增强抗干扰能力，从源头上提升设备性能。

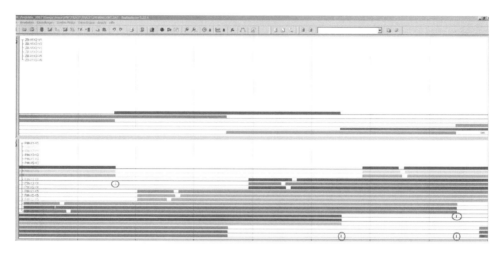

图 14-4-3　触发卡件信号毛刺波形（标圈位置）

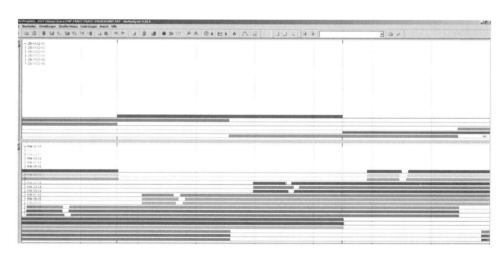

图 14-4-4　触发卡件升级后波形情况

第十五章
辅助电气设备

第一节　通信系统故障分析及处理

仙居电站通信系统是由调度通信系统、厂内通信系统、电力监控系统组成。

调度通信系统承担着电站内、电站与省电力公司、电站与华东网调之间的生产管理电话和低速数据的综合处理和交换。

厂内通信系统组成全厂有线电话交换网，实现厂内的生产管理通信。

电力监控系统用于监视和控制电力生产及供应过程的、基于计算机及网路技术的业务系统及智能设备，以及作为基础支撑的通信机数据网络。

案例 15-1　厂内 ADSS 光缆部分纤芯损坏故障

一、故障现象

在年度备用芯光衰测试中，OTDR 测试仪显示，（开关站→中控楼）8007 号光缆中 1、2、3 号光纤均在 389m 处中断。

二、故障分析

（开关站→地下厂房）8002 光缆中 3 号光纤在接口处中断。光缆故障点在该段光缆中间段，检查光缆敷设路段光缆外观运行情况，若存在光缆弯折、破损、进水等外观损坏情况，判断为光缆纤芯损坏；光缆故障点在接口处，判断为接口处法兰头或光缆接头损坏。

三、采取的措施

对光缆弯折、破损、进水等外观损坏情况，必须采取补救措施，必要时更换光缆损坏部分。对接口处法兰头或光缆接头损坏情况，更换法兰头或重新熔接光缆接头。

四、经验小结

光缆及附属设备在设计选型和路线规划时，应充分考虑光缆运行的安全稳定要求，选择质量佳、使用年限长的光缆，并规划距离短、坡度小的路径。因光缆运行年限长且更换敷设难度较大，尽量确保敷设路径的外部环境良好，易巡检维护。

光缆安装调试时，必须保证光缆两端预留足够的长度，将接续盒固定在易维护的位置，且外部环境良好。光缆敷设路径尽量直线敷设或将多余光缆盘绕固定，严禁弯折光缆。

第二节 安防设施及工业电视系统故障分析及处理

工业电视系统设备采用的是中兴力维系列产品，主要用于实时监视生产设备在生产过程中运行状况，设备发生起火等重大缺陷时能及时被值守人员发现，且事故发生后有录像作为分析依据能真实细致地还原事故现场情况，工业电视系统设备主要由高清网络摄像头、转发服务器、中心服务器、交换机和存储服务器组成。

案例 15-2　摄像头防水等级不满足反措要求

一、故障现象

根据国网新源公司运检部关于防止水电厂水淹厂房专项反措排查要点：①电站重要部位宜安装防护等级不低于 IP67 的固定工业电视摄像头；②工业电视系统宜具备通信中断后的本地紧急存储功能、通信恢复后的断点续传功能及过水后可读功能。排查电站摄像头防水等级均为 IP66，且摄像头不具备现地存储功能，不符合反措要求。

二、故障分析

IP 防护等级是由两个数字所组成，分别为防尘及防水要求，IP68 表示：完全防止外物及灰尘侵入，在深度超过 1m 的水中防持续浸泡影响。在设备采购阶段未考虑防水淹厂房相关要求。

三、采取的措施

对蜗壳进人门、尾水进人门、上/下库闸门井等重要区域摄像头进行升级改造，将上述区域摄像头更换为 IP68 防护等级的摄像头，并加装大容量存储卡，满足现地存储要求。

四、经验小结

1. 设备本质安全方面

设备采购时需充分考虑各种突发情况，包括水淹厂房、发电机着火等事故。做好事故预想，根据可能发生的事故及故障，对采购的设备提出相应的防范要求，如油罐室采用防爆型摄像头、室外夜晚光照不足的地方采用红外摄像头等。

2. 设备运维管理方面

设备安装时，应考虑摄像机视野是否开阔，是否容括重要设备，尽量避免被钢架、悬梁等障碍物遮挡视野，同时应考虑后续维护量，避免安装于后期维护困难、风险较高的地方，合理减少工作量。

案例 15-3　工业电视 UPS 蓄电池发生膨胀现象

一、故障现象

维护人员巡检过程中发现主变压器洞工业电视 UPS 蓄电池外壳发胀、鼓包，部分相邻蓄电池产生外壳黏连情况。

二、故障分析

测量蓄电池浮充电压 390V 正常，排除充电电压过高问题；检查室内温度较高（31℃左右），怀疑主变压器洞 LCU 室通风空调故障退出运行，导致室内温度较高（31℃左右），从而蓄电池运行温度较高，在浮充状态下温度持续升高导致发热膨胀。

三、采取的措施

拉开主变压器洞 LCU 室工业电视 UPS 蓄电池开关，打开蓄电池柜门进行通风降温，拆除 UPS 与蓄电池连接电缆并进行绝缘绑扎，将主变压器洞 LCU 室工业电视 UPS 蓄电池柜内 29 节 12V100Ah 蓄电池拆除。对其他区域工业电视 UPS 进行设备特巡，每周检查蓄电池环境及运行温度、浮充电压、电流、电池外观等情况，并进行蓄电池红外热成像拍照。

对损坏蓄电池进行整组更换，新蓄电池安装后测量新的蓄电池单体电压均为 12.6V 左右，整组电压 367.5V，蓄电池充电电压 394V。蓄电池送电正常，电源切换正常，放电测试满足 4h 供电要求。

四、经验小结

1. 设备本质安全方面

设备采购时充分调研蓄电池及 UPS 使用质量，选择故障率较低品牌设备，UPS 接线方式尽量选择主、旁输入分开方式，可接入两路不同源交流输入电源，提高设备可靠性。

2. 设备运维管理方面

设备安装时，应做好设备测试，对 UPS 切换测试进行充分测试，确保满足现场实际要求，UPS 蓄电池投运初期进行充放电测试，确保蓄电池容量满足要求，投运后定期对 UPS 进行电源切换测试，定期检查蓄电池运行情况、容量是否满足现场实际需求。

第十六章
水工设备设施

第一节　水工监测自动化故障分析及处理

仙居电站自动化数据采集系统采用 DAMS-Ⅳ 型智能分布式数据采集系统，主要配置包括传感器、数据采集单元（DAU）、计算机工作组、信息管理软件及通信网络五大部分。

软件配置包括一套 DSIMS4.0 数据采集软件、SQL2012 数据库、windows 2003 server 操作系统。

数据处理系统采用大坝安全监测信息管理系统（iDam 系统），iDam 系统负责系统管理、基础信息设置、数据录入（导入）、计算、管理、整编、分析、监控报警、信息报送等功能，数据统计、分析、监管更加便捷。

案例 16-1　NDA 模块与采集计算机通信异常问题

一、故障现象

当现场 DAU 测站内 NDA 模块与采集计算机之间通信发生异常时采集计算机会提示"超时没有收到数据"。如图 16-1-1 所示 NDA134 模块通信故障时系统提示情况。

查询时钟	NDA35 (1603-35)	时钟:2022-03-31 08:20	2022/03/31 08:20:50
查询时钟	NDA36 (1564-36)	时钟:2022-03-31 08:20	2022/03/31 08:20:51
查询时钟	NDA37 (1663-37)	时钟:2022-03-31 08:20	2022/03/31 08:20:52
查询时钟	NDA39 (1403-39)	时钟:2022-03-31 08:20	2022/03/31 08:20:54
查询时钟	NDA40 (1404-40)	超时没有收到数据	2022/03/31 08:20:56

图 16-1-1　采集计算机提示"超时没有收到数据"

二、故障分析

当 NDA 模块与采集计算机之间通信发生异常时，一般故障一方面为电源模块中的供电电池电压过低导致，另一方面为电源模块中的供电电池电压不稳导致。

三、采取的措施

现场需要使用万用表对电池电压进行测量来判断故障原因是否属于上述那种情况。当电源模块中的供电电池电压过低时万用表测量出的电压测值会小于 6V，见图 16-1-2。此时需要对供电电池进行更换或拆除供电电池电源线使直流电直接对模块供电，NDA 模块才能恢复正常。当电源模块中的供电电池电压不稳时万用表测量出的电压测值会在正常范围 6～7V，此时需要对 NDA 模块内供电蓄电池进行更换，可使 NDA 模块恢复正常。

四、经验小结

（1）电源模块中的供电电池电压过低与电压不稳时应及时对供电电池进行更换确保供电电池电压的稳定。

（2）在日常工作中要及时对各测站供电电池进行电压检测，发现供电电池电压过低需及时处理。

图 16-1-2　万用表测量出的电压测值过低

第二节　引张线式水平位移计故障分析及处理

仙居电站引张线式水平位移计主要安装在上库主坝、副坝（主坝布置 4 条测线、副坝布置 1 条测线），在主坝 0＋100.00m、主坝 0＋180.00m 监测断面各布置 1 条测线，测线高程约为 1/2 坝高，即 EL636.50m，每条测线分别布置 5 个测点；在主坝 0＋140.00m 监测断面布置 2 条测线，测线为 EL611.50m、EL636.50m，每条测线分别布置 5、7 个测点；在副坝 0＋130m 监测断面布置 1 条测线，测线为 EL646.5m，该条测线布置 5 个测点，测点分别布置在垫层料内靠近过渡料的位置、上游堆石区、下游堆石料区。

引张线式水平位移计采用沟槽埋设法进行安装，其主要设备有锚固板、固定盘、保护管、观测钢架、铟钢丝、观测尺、砝码、重锤。

案例 16-2　引张线式水平位移计钢丝断裂

一、故障现象

图 16-2-1　引张线式水平位移计

（1）上库主坝、副坝观测房内引张线式水平位移计（见图 16-2-1）均存在钢丝断裂现象，其断裂钢丝为上锤钢丝。

（2）上库主坝 3 号观测房内更换完上锤钢丝后再次发生钢丝断裂现象。

二、故障分析

（1）经现场排查及分析，认为是引张线式水平位移计在安装时钢丝留存过长，在自动化测量开始放线时转出收线轮保护罩外，当测量完成收线时未能回转到收线轮轨道内，因此造成钢丝一直在收线轮外与保护罩产生摩擦，经过长时间摩擦，造成钢丝断裂；

（2）上库主坝 3 号观测房内钢丝更换完成再次断裂：经在现场观察自动化测量过程发现由于在收线时钢丝行程未能满足自动化行程，导致钢丝被拉断。

三、采取的措施

（1）更换钢丝、并根据重锤的行程，确定钢丝的长度，保证在测量开始放线和测量完成收线时钢丝一直保持在收线轮轨道内转动，在收线轮轨道内钢丝可以受到保护，避免与其他物体产生摩擦，延长钢丝的使用时间。

（2）根据自动化测量过程观察，将下锤行程加大，上锤行程加大，更换钢丝。更换钢丝完成后启动自动化观测，观察自动化测量过程，确定钢丝不会再次因为行程问题导致断裂见图 16-2-2、图 16-2-3。

四、经验小结

（1）定期对引张线式水平位移计钢丝进行检查。

（2）人工观测过程中对钢丝行程情况进行观察。

（3）定期对收线轮保护罩进行检查。

图 16-2-2　引张线式水平位移计重锤　　　　图 16-2-3　引张线式水平位移计收线轮